SCIENCE, TECHNIQUE, SOCIÉTÉ

ENDOXON
Revue africaine de philosophie des sciences

N° 2, 2020

SCIENCE, TECHNIQUE, SOCIÉTÉ

UOB/IRSH-CENAREST

L'Harmattan

5-7, rue de l'École-Polytechnique ; 75005 Paris

http://www.librairieharmattan.com

ISBN : 978-2-343-19884-2
EAN : 9782343198842

Sommaire

Avant-propos..11

*La thèse serrésienne d'histoire des sciences
Par Ruboneka BIGIRINAMA... 17

*La méthodologie poppérienne à l'épreuve de l'histoire des sciences et des techniques
Par Jean-Aimé SAFOU.. 31

* Les mathématiques et Popper
Par Edgar Mervin Martial MBA... 53

*Du quantique à l'absorption philosophique de l'objet de la physique théorique
Par Jean Berclémence TATI.. 83

* La techno-science, conquérante et dominatrice
Par Antonin MBA NGUEMA... 93

*L'éthique kantienne à l'épreuve du débat sur la bioéthique : le cas de l'euthanasie
Par Rodrigue MAKAYA MAKAYA.. 111

* Études sur la place et la signification de la philosophie de la reliance des connaissances. Esquisse d'une pensée interstitielle qui pourra se présenter comme une Symbiosophie
Par Auguste Nsonsissa.. 125

*La Recherche-Développement et l'injonction d'endogénéité ou de contextualisation : enjeux de savoir, jeux de pouvoir et de repositionnement stratégique
Par Landry Patrice Romain NDOUNOU....................................153

Résumés.. 191

AVANT-PROPOS

Jean-Aimé Safou

> Depuis que nos sociétés se veulent démocratiques, depuis qu'elles ne reconnaissent plus (officiellement) d'autorité supérieure à la volonté des populations, le seul argument d'autorité quant à ce qui est possible et ce qui ne l'est pas provient toujours, d'une manière ou d'une autre, de la science (I. Stengers, 1997, p. 7).

La science est assurément le seul domaine susceptible d'amener les individus à, d'une part, reconnaître au moyen d'une introspection et d'une critique intersubjective leur ignorance et, d'autre part, soumettre les opinions adverses à la critique objective. Il va sans dire que l'autorité qu'elle fait émerger par elle-même, du fait d'elle-même, et qui n'est pas nécessairement injonctive et pesante, à la manière de l'autorité sociopolitique, peut se rependre allègrement dans toutes les sphères où l'esprit humain est actif et à l'œuvre.

Elle est, pour ainsi dire, le seul lieu où s'exerce la « vraie démocratie » ; le lieu où l'on ne craint nullement le verdict sévère de la critique intersubjective. C'est à l'évidence cette science protéiforme, dans ses représentations les plus diverses, que nous entendons célébrer, une fois encore, dans ce deuxième (2ème) numéro d'*Endoxon*, à travers les contributions des uns et des autres ; des contributions qui ne doivent pas être perçues, loin s'en faut, comme l'expression d'un ensemble de vérités établies, mais simplement comme des « opinions hautement probables ». Tel est du reste l'esprit de cette revue. Ce sont des opinions hautement probables, au sens aristotélicien du terme, parce que compréhensibles et dont l'esprit est bien disposé à admettre. Ce n'est donc pas l'occurrence probabiliste au sens de probabilité ordinaire et initiale qui les détermine, mais le fait qu'elles soient susceptibles de fournir de bonnes raisons en vue de leur acceptation ; et surtout le fait qu'elles correspondent ou répondent fortement à une certaine attente, celle d'être édifié sur des problématiques encore tenaces qui continuent de nourrir la réflexion, la critique et de questionner la valeur et le dessein de la science.

Ces problèmes, qui laissent souvent et toujours quelque chose dans l'ombre, c'est-à-dire un non dit, voire une imprécision, appellent de nouvelles réflexions, un approfondissement, un éclairage nouveau.

C'est dans ce sens que s'inscrit l'article inaugural de **Ruboneka Bigirinama**, intitulé : *« La thèse serrésienne d'histoire des sciences ».*

En effet, revenant sur les critiques « sévères » de Michel Serres quant à la conception de l'histoire des sciences de ses prédécesseurs, l'auteur de l'article montre que cette conception serrésienne est imprégnée d'une idée bien ancrée dans la tradition épistémologique de ses devanciers et qui stipule que « la science est autonome, auto-fondée et, surtout, autorégulée ». C'est ainsi que pour « raconter » l'histoire des sciences et déterminer son orientation, Michel Serres « emprunte » aux sciences elles-mêmes les « ressources conceptuelles » nécessaires, lui permettant à la fois de rompre avec la tradition dont il pointe les limites et d' « élaborer son propre concept de la temporalité ».

L'auteur de l'article insiste sur le fait qu'à la différence des historiens des sciences que Serres critique, celui-ci adopterait au contraire un tout autre style pour raconter l'histoire des sciences. Ce style consisterait précisément à réciter l'histoire des sciences, à la mettre « en fable ». Par rapport à une telle entreprise, visant à restituer les faits d'un savoir inscrit dans une dynamique évolutive, l'historien des sciences s'assure absolument de la manière dont ce savoir est transmis à travers les âges. En réalité, à travers cette entreprise de restitution des faits de l'histoire des sciences, se devine la place et le rôle majeurs que Serres fait jouer à la communication scientifique. Mais pour ce dernier, ainsi que le souligne l'auteur de l'article, cette communication sur l'histoire des sciences, le récit de son développement, sa compréhension voire son enseignement requièrent une certaine méthodologie qui ne devrait pas cependant être considérée comme une panacée.

La dévaluation du caractère miracle et totalisant de la méthodologie quant à sa capacité à résoudre tout type de problème, constitue l'axe de réflexion de **Jean-Aimé Safou** dans son article intitulé : « *La méthodologie poppérienne à l'épreuve de l'histoire des sciences et des techniques* ». En effet, tout en pointant les limites de la méthodologie poppérienne et en suggérant une reformulation de son critère afin que celui-ci tienne réellement compte de l'histoire des sciences et des techniques, l'auteur s'en saisit comme prétexte pour inviter les hommes de science à questionner le bien-fondé de toutes ces méthodologies qui se présentent comme une alternative irrévocable, voire une solution définitive à l'ensemble de problèmes que posent la compréhension et la maîtrise des domaines de connaissance auxquels elles s'appliquent. Or, toute méthodologie n'est-elle pas déjà condamnée par avance lorsqu'elle prétend apporter des solutions à l'ensemble des problèmes dans des domaines de connaissance aussi variés ? Si l'on répond par la négative, il faudrait alors saisir toute sa portée ainsi que les objectifs qui lui sont assignés.

Concéder à cet impératif, c'est reconnaître qu'on peut délimiter raisonnablement le domaine d'application d'une méthodologie et, par là-même, déterminer son efficacité. Ainsi, une étude telle que celle menée par **Edgar Mervin Martial Mba** sur « *Les Mathématiques et Popper* », ne témoigne pas seulement de la volonté de son auteur d'examiner, à la lumière de la méthodologie, cet aspect de la pensée poppérienne parfois éludé par l'ensemble des spécialistes et commentateurs, mais aussi et surtout de la réelle efficacité de celle-ci lorsque le cadre est parfaitement bien défini, en l'espèce celui des mathématiques.

L'auteur de l'article souligne à cet effet que si la philosophie des sciences de Popper est mieux connue que sa philosophie des mathématiques, c'est simplement parce que la première est plus étudiée que la seconde. Ce n'est donc pas à proprement parler une question de méthodologie, même si celle-ci permet la connaissance et la compréhension du domaine étudié. Une telle étude, selon son auteur, contribue à la réduction du déficit d'études sur la pensée mathématique poppérienne, précisant par la même occasion qu'il y a bien chez Popper une « philosophie des mathématiques ».

De même, nous le savons, la science procède de façon méthodique et rigoureuse en questionnant ses propres règles et principes, de même elle est passée depuis plus d'un siècle d'une réflexion sur les réalités phénoménales macroscopiques à celle des réalités et phénomènes microscopiques. Elle est passée pour ainsi dire de la description des réalités à taille humaine, c'est-à-dire celles que l'on peut percevoir sans l'aide ni le secours absolu des instruments, à celles dites « infiniment petits », nécessitant absolument une approche nouvelle et forgeant un langage spécifiquement nouveau. L'objet de la nouvelle théorie scientifique n'est plus saisi par les moyens traditionnels. C'est ce que montre **Jean-Berclémence Tati** dans son article intitulé « *Du quantique à l'absorption philosophique de l'objet de la physique théorique* ».

Pour l'auteur, en effet, tout part d'un problème physique simple, celui du rayonnement du « corps noir » dont Planck s'est saisi dès les années 1900 et à travers lequel le physicien parvint à montrer que « la matière ne peut émettre de l'énergie radiante que par quantités finies ». Ce problème mobilisera les physiciens dans leur ensemble et débouchera sur l'élaboration de deux lois majeures en physique théorique, à savoir la loi sur les relations d'indétermination (Heisenberg) et celle sur la complémentarité (Bohr). Il aura également permis de voir s'affronter en physique théorique deux grands courants de pensée, le réalisme et l'antiréalisme.

Au-delà des débats de spécialistes, il nous semble raisonnable de poser le problème en des termes simples, sans pour autant verser dans une forme de simplisme béat, et faire en sorte que le lecteur curieux, non accoutumé à ces questions d'une haute et grande technicité, puisse comprendre ce dont il est question, sans que ne soient mises en cause ses capacités intellectuelles et l'indigence au niveau de sa cogitation.

Autrement dit, le problème de cette étude n'est autre que celui de la nature de la matière ; cette matière que l'on entend soumettre à l'investigation scientifique et qui, elle, révèle indubitablement les limites de l'humaine condition quant à la compréhension de cette dernière (la matière), y compris dans ses plus petites parties ; et ce, même avec le secours de la science au moyen des méthodes et techniques les plus modernes. C'est ici, en quelque sorte, le point de bascule où l'interprétation la plus fine tend à ramener le problème non pas au niveau de l'incapacité humaine à saisir la matière, mais probablement au niveau de la matière elle-même qui semble résister avec vigueur aux assauts ininterrompus de pénétration par l'intelligence, voire par l'esprit humain.

Pourtant, la béquille la plus sûre sur laquelle s'appuie cette intelligence (ou encore cet esprit humain), à savoir la science et son corollaire, la technique, s'efforce de mener à bien sa mission. En effet, elle ne cesse de réduire de manière significative l'océan de l'ignorance, de rapprocher les frontières de la compréhension du réel. Mais, au travers de cette entreprise, elle se montre plutôt « conquérante et dominatrice ». En d'autres termes, au nom de la relation qu'elles ont fini par nouer l'une avec l'autre, « science et technique », la technoscience semble outrepasser son rôle, celui de dessiller les yeux et de percer les mystères de l'univers en nous faisant accéder à la connaissance. En s'inscrivant dans cette réflexion, l'article d'**Antonin Mba Nguema**, « *La techno-science conquérante et dominatrice* », montre les dérives de la technoscience. Car, au-delà même de la collaboration entre la science et la technique, la technoscience est devenue concrète et pratique au point de ne plus relever du simple discours, de la simple théorie. Ce qui pose au moins deux problèmes identifiés par l'auteur de l'article, à savoir la *déshumanisation* et la *sagesse*.

Le premier problème est envisagé comme un risque encouru par l'homme lorsque celui-ci devient lui-même objet, voire un « rouage » dans la « machine technicienne ou technoscientifique ». Le second problème est une invite à la sagesse comme seule alternative qui nous reste pour nous réapproprier la dignité humaine inhérente à notre être, telle qu'elle a été façonnée dès les premiers âges, c'est-à-dire dès l'apparition de l'homme sur terre. Il faut donc retrouver la sagesse ; cette sagesse susceptible de triompher des assauts répétés à la fois d'une vie non authentique, parce que non ordonnée et pour ainsi dire artificielle, et d'une technoscience qui impose sa loi en raison probablement d'une foi non contrôlée et non mesurée en la science. Et, au-delà, c'est incontestablement une invite à instituer une « nouvelle morale » qui articule l'humain avec le connaître. Or, les fondements de cette morale ont jadis été posés par Kant, qui nous invite à bien distinguer entre la *pratique* et le *libre arbitre*, c'est-à-dire entre ce qui « *relève de la loi* » et « *ce qui relève du libre arbitre* ». L'occultation de cette distinction, qui est une grave erreur, est à la base de la confusion que l'on observe lorsqu'il s'agit d'évaluer objectivement, par le biais de l'éthique, un domaine de la connaissance scientifique tel que la biotechnologie. C'est en tout cas ce que met en exergue la contribution de **Rodrigue Makaya Makaya**, intitulée « *La modernité de l'éthique kantienne et l'exemple du débat bioéthique : l'euthanasie* ».

L'auteur de l'article ne cherche ni à bifurquer ni à éluder le problème de fond, problème qu'il pose du reste de manière frontale, à savoir que « la morale » n'a pas à « interférer dans un domaine hautement technique » comme celui des biotechnologies, même si celui-ci est présenté sous « un angle pratique ». Mieux, la bioéthique étant « une question tellement complexe et spécialisée (…) nous ne voyons pas, martèle l'auteur, ce qu'on pourrait en dire au-delà des généralités comme l'obligation de respecter la personne » dont la dignité est « une qualité absolue ». Autrement dit, ce débat doit être porté par les hommes de sciences eux-mêmes, c'est-à-dire les tenants de la biotechnologie et de la biomédecine. La question est peut-être de savoir s'il n'est pas possible d'aménager un espace pour le philosophe dans le cadre d'une « *reliance des connaissances* » par exemple ? L'interrogation n'est pas assurée d'une réponse absolue ; néanmoins, l'article d'**Auguste Nsonsissa** intitulée : « Etudes sur la place et la signification de la philosophie de la reliance des connaissances.

Esquisse d'une pensée interstitielle qui pourra se présenter comme une ''Symbiosophie'' », contribue à l'aiguisement de notre sens critique dans cette direction.

En effet, l'auteur de l'article entend non seulement présenter les « éléments de la philosophie des reliances » au cœur, selon lui de la philosophie de la connaissance contemporaine, mais surtout soumettre à la critique sans concession l'incapacité régnante et même paralysante des hommes de science de notre temps de relier les divers domaines de la connaissance, y compris ceux des sciences sociales dont on a tendance trop souvent à célébrer la scientificité du « bout des lèvres », en vue de constituer un « tout complexe », non pas dans le sens d'une quelconque fermeture ou clôture, mais plutôt dans le sens d'une ouverture des domaines les uns aux autres, entérinant par là-même et une fois pour toute, l'interdisciplinarité qui s'est toujours manifestée par le passé, mais qui en réalité a toujours sonné comme un concept creux.

C'est à la pensée d'Edgar Morin qu'Auguste Nsonsissa emprunte les éléments de sa « *monstration* » ; et bien plus qu'une « *monstration* », il s'agit suivant le projet de l'auteur de l'article d'une démonstration d'une pensée forte, d'une philosophie qui entend s'enraciner durablement dans l'univers philosophique contemporain. Dans cet univers de reliance des connaissances, de complexité et surtout de contextualisation des savoirs en Afrique, l'urgence est probablement - à défaut de repenser nos savoirs endogènes - de les recentrer en les plaçant au cœur du développement. C'est ainsi qu'on peut prétendre, avec une force de vérité, les imposer aux yeux du monde.

Cette présomption passe nécessairement par une redynamisation des institutions de relai, par une politique robuste en matière de recherche scientifique pouvant pallier, sans que cela ne soit un vœu pieux, « une incapacité structurelle à concevoir, en Afrique, un environnement culturel et institutionnel propice, qui prédisposerait à l'élaboration d'un socle commun de connaissances et de savoirs structurés, opératoires, contextualisés, devant participer de façon efficiente à l'action stratégique d'émancipation des Etats africains hors de la sphère du mal développement…, de l'extraversion et de la dépendance ». C'est là tout le sens du sillon que trace le texte de **Landry Patrice Romain Ndounou** intitulé « *La Recherche-Développement et l'injonction d'endogénéité ou de contextualisation : enjeux de savoir, jeux de pouvoir et de repositionnement stratégique* ». L'auteur pose à la fois le diagnostic et propose des solutions au « mal développement » considéré comme une gangrène pour l'ensemble des Etats africains.

La thèse serrésienne d'histoire des sciences

Ruboneka BIGIRINAMA

Introduction

Michel Serres a fait une critique serrée de la tradition de philosophie des sciences dont il a hérité. En creusant les mêmes terrains mathématiques et physiques que ses illustres devanciers, il a dénoncé de manière souvent polémique quelques pièges tendus par la tradition issue du positivisme : la classification des sciences, la flèche du progrès et la démarcation entre la science et le reste.

Ce faisant, Serres poursuit néanmoins cette tradition qui n'en finit pas de dénoncer le positivisme de la génération précédente, en réactivant parfois des idées plus anciennes L'exemple de Michel Serres illustre bien cette thèse quand il s'en prend au scientisme inhérent à l'épistémologie et l'accuse d'être la vitrine publicitaire de la science, il est injuste envers certains de plus illustres représentants de cette tradition épistémologique. Il sied de signaler par contre que Meyerson par exemple fut l'un des premiers auteurs à soutenir, bien avant Michel Serres, que « Vous trouverez de la raison, et de la bonne, dans beaucoup d'autres domaines que la science canonique » (2001, p. 188).

La critique menée par Serres est imprégnée d'une idée bien ancrée dans cette tradition épistémologique que la science est autonome, auto-fondée et autorégulée. C'est pourquoi il a pu emprunter aux sciences des ressources conceptuelles pour rompre avec cette tradition et pour élaborer son propre concept de temporalité. Les mathématiques fournissent des outils pour substituer à l'espace vectoriel de la flèche du temps un espace topologique avec des variétés de temps fibré, feuilleté, etc., et la physique des mouvements lents de percolation produisant des effets de seuil.

1 - L'histoire comme récit

Le retour sur *Les origines de la géométrie* a ouvert un point d'interrogation en amont de l'histoire des sciences, sur la temporalité des savoirs. Il est clair qu'on ne peut plus pratiquer l'histoire des sciences comme au temps de Comte ou de Bachelard quand on a fait voler en éclats l'idée de progrès. Serres a trouvé des outils conceptuels pour penser le temps dans les mathématiques et la physique, mais dans les mythes et récits, il trouve des ressources bien plus riches. Il abandonne alors les ambitions formalistes pour devenir conteur. Avec un art consommé du récit, Serres raconte une histoire à chaque cours : Thalès au pied des pyramides, la vestale enfouie, le décollage de Challenger, Baal, etc. Son répertoire, inépuisable, révèle l'ampleur de sa culture qu'il raconte à plusieurs voix. Chaque récit prête à multiples entrées, ce qui permet à chaque auditeur d'entendre des sens différents, de construire sa propre vision, en fonction de sa culture, de ses projets. Chaque histoire est dite puis redite ensuite d'une autre manière pour dégager d'autres facettes, d'autres couches de significations. Serres n'utilise pas le récit pour faire « un point », comme on dit par anglicisme, mais en peintre pointilliste, par petites touches, par vignettes, sans cesse retravaillées, il fait voir tout ce qu'implique la connaissance.

En renonçant au style argumentatif pour la narration, Serres « récite » l'histoire des sciences, il « fabule », au sens strict, met la philosophie des sciences en fables. Car, à mes yeux, Serres n'a jamais cessé de graviter autour des sciences, en dépit de la variété des paysages qu'il visite de sa plume. Tout en restant dans la tradition d'histoire conceptuelle, tout en continuant à pratiquer le coup d'œil historique, Serres se libère des contraintes de la critique des prédécesseurs grâce au pouvoir de la narration. Le récit met en relief la part de mythe qui habite l'idéal scientifique de purification, de décontamination, de coupure épistémologique.

2 - De l'évolution historique des mathématiques et la transmission de leurs savoirs au travers des âges

Parmi les tâches que Serres s'assigne, en tant que philosophe et épistémologue, se trouvent la volonté d'anticiper les développements des sciences et une quête de leur insu, lisibles, notamment, dans leurs états antérieurs ou dans leurs fondements. Ainsi, à ses yeux, « la philosophie doit rendre compte des commencements, des fondations de ces longues durées dont les plaques profondes, comme celles de la Terre, conditionnent les évolutions multimillénaires du temps même et de l'histoire» (M. Serres, 1993, p. 61). Or, quels sont ces commencements, « entendu que ceux de la matière et de la lumière, de l'univers et de la vie se soumettent désormais au règne de la science ? ». Ce sont « ceux de la science elle-même. Mais d'abord. De l'apparition de la vie collective : sociale, politique, civile ; à quelles conditions nous réunissons-nous, pour constituer un groupe ? » (M. Serres, 1993, p. 58-59).

Par son travail d'historien des sciences, Serres met donc en évidence non seulement l'existence d'âges dans cette histoire. Rappelons que cette idée d'« "âges" (au sens géologique) dans l'histoire de la science » nous vient de Vincent Descombes (1979, p. 109). Michel Serres invoque par ailleurs l'existence d'invariants d'un âge à l'autre, en plus de considérer ces isomorphies aussi bien dans les sciences que dans les autres formations culturelles : l'intérêt d'une histoire des sciences est de montrer les constantes répétitives et non perçues du savoir rigoureux ou exact, débordées tout à coup de leur cadre encyclopédique ordinaire et se répandant en tous lieux où elles passent pour raison.

Cette raison par l'ignorance entretenue de ceux qui ne peuvent habiter le cadre, perdure longtemps, a explosé. D'où un décalage, un retard, parfois séculaires, entre des techniques, des stratégies ou des méthodes qu'on nomme partout rationnelles et qui ne se ressemblent plus. Ces systèmes sont rationnels. Ils ne sont rationnels qu'au sens de ceux dont le savoir contemporain a pris congé (M. Serres, 1977, p. 39-40). Suivant en cela son projet, le philosophe démontre alors les interférences entre sciences à l'intérieur de l'encyclopédie comme celles entre les champs transcendantaux.

Les groupes humains forment ainsi des savoirs qui créent des objets, qui organisent à leur tour des groupes humains, qui eux-mêmes agissent sur le monde des objets par lesquels les savoirs sont transformés, etc. L'historien, en ce sens, prête main forte au philosophe. Il démontre l'importance de penser la communication, celle qui existe entre les sciences comme celle qui relie discours de savoir et société. Ce travail repose cependant sur une conception particulière de l'histoire et du temps, où l'on retrouve les prémisses habituelles de la pensée serrésienne, comme le refus du point fixe et la volonté de mettre en relation une science qui tiendrait plus des fluides que du solide. Ce que nous tenterons de démontrer en suivant la réflexion que Serres fait à propos de l'histoire, c'est-à-dire en définissant la position qu'il adopte en tant qu'historien, en esquissant les rapports entre cette position et sa compréhension du temps, et en rattachant ce travail à ce que nous pourrions appeler une science des propagations, par opposition à une histoire déclarative.

Quant à la position du philosophe devant l'histoire, elle se lit dès *La communication* (M. Serres, 1993, p. 78-112), alors que Serres réfléchit sur l'évolution historique des mathématiques et la transmission de leurs savoirs au travers des âges. Ainsi, s'agissant des mathématiques, il existerait trois types d'histoire :

1°) l'histoire des sciences conçue comme totalisation accumulative de la tradition, comme rassemblement de la totalité des documents, dont l'idéal serait l'absence de perte, et dans la réunion et dans la communication le long de la diachronie ordinaire. Ce serait l'histoire connexe des professeurs, une et totalisante ;

2°) l'histoire récurrente, adossée à la dernière en date des vérités, c'est-à-dire à la vérité. De ces achronies par sélection, on ne sélectionnerait que la plus récente. C'est l'histoire que traîne derrière elle toute invention restructurante du système. Il y en a une pluralité, et leur attribut principal est d'être filtrant. Tout considéré, l'ensemble de ces histoires se présente comme une succession de filtres posés les uns sur les autres. Comme l'histoire, le système est ici différent de la totalisation. Il est plus sélectif qu'accumulatif ;

3°) l'histoire qu'est la science elle-même comme mouvement original, comme formation indéfinie d'un système. Bien entendu, la diversité de ces types d'histoire correspond à des conceptions diverses de la temporalité (M. Serres, 1993, p. 87). Pour les deux premiers types, l'histoire totalisante et l'histoire récurrente, le temps serait continu (« connexe »), alors que pour le troisième type, l'histoire de la science comme système indéfiniment en formation, le temps serait discontinu (« non-connexe »). C'est-à-dire que l'histoire traditionnelle, totalisante, penserait l'évolution des mathématiques comme une progression par étapes ou un enchaînement rigoureux de systèmes qui, par une communication parfaite (sans interruption), tendrait vers une finalité (clarté et rigueur téléologiques) à partir d'une et une seule origine.

À l'inverse de cette histoire cumulative et irréversible, l'histoire récurrente de l'inventeur serait celle où chaque nouveau système, reprenant certains et abandonnant d'autres éléments des systèmes antérieurs, retournerait à l'origine pour découvrir la sienne propre, « comme si l'ultime constitué remettait en question l'ensemble de la constitution» (M. Serres, 1993, p. 99). Ce faisant, cette histoire aux origines récurrentes serait connexe par son rapport incessant aux débuts. Pour Serres, la différence entre ces deux premiers types d'histoires désigne deux archéologies distinctes :

> [...] celle qui est propre au mouvement mathématique comme tel, qui ne cesse pas de réactiver ses origines et d'approfondir ses fondations, par l'itération de sa récurrence intérieure, celle qui

> dégage des idéalités primitives qui n'étaient pas mathématiques et qui le deviennent, celle qui historicise peu à peu la préhistoire et donne un langage à ce qui en était dépourvu [...]. D'autre part, celle qui consiste à lire la préhistoire sur les concepts délaissés qui furent mathématiques et qui ne le sont plus, à lire la préhistoire morte sur les fossiles charriés par l'histoire et abandonnés par elle. La première est l'archéologie intrinsèque à la science, la deuxième est extrinsèque, elle reconstitue la genèse perdue d'une idéalité perdue (M. Serres, 1993, p. 102).

À la fois interne et externe, l'histoire que le philosophe privilégie correspond pour sa part à celle du troisième type, où la science elle-même, en tant que système global toujours en formation, fournit sa propre archéologie. Elle se rapproche en cela de celle du deuxième type, interne, et elle donne à voir la mathématique comme une «restructuration systématique continuée » (M. Serres, 1993, p. 99), étant entendu qu'à ses yeux « une formation culturelle n'est accessible comme pré-mathématique que dans et par le processus autochtone de la mathématique » (Michel Serres, 1993, p. 102). Elle tient cependant de la première en ne s'adossant pas uniquement à la dernière des vérités en date : « […] le mode d'être du vrai réside précisément dans son rapport au système, écrit Serres. C'est lui qui vit et meurt, comme ouverture féconde, puis comme gangue étouffante » (M. Serres, 1993, p. 110). Dans cette perspective, « la seule historicité recevable est alors celle des systèmes (et, dans les intervalles, celle de leur constitution) » (M. Serres, 1993, p. 110).

Tenant compte des concepts délaissés, - tout en étant soucieuse de les considérer par rapport aux systèmes dans lesquels ils s'inscrivent-, l'histoire du troisième type abandonne l'idée d'une téléologie de la mathématique et considère la possibilité d'origines multiples : il y en aurait autant, ou presque, qu'il y a de systèmes qui jalonnent son parcours. L'histoire des mathématiques serait alors une suite discontinue de systèmes formant une temporalité non-connexe : « Il faudrait la lire [cette temporalité] comme une surface complexe, comportant des « cheminées » d'accélération forte, des « cols » d'arrêt d'une ascension, des zones de valeurs stationnaires, des déchirures et ainsi de suite [...]. C'est qu'un système donné ne récupère pas tous les sédiments anciens, il ne présentifie pas l'intégralité de la tradition […] » (M. Serres, 1993, p. 101).

Où l'histoire traditionnelle voyait un développement continu et où l'inventeur ne voyait qu'un système possible (le sien), toujours mieux que celui de ses prédécesseurs, le philosophe considère pour sa part une multiplicité de systèmes, locaux, pour penser globalement une évolution des mathématiques qui n'a rien de linéaire. Où le lecteur retrouvera l'idée de temps telle que Serres l'entend.

En effet, cette temporalité non-connexe de l'histoire des mathématiques ne s'applique pas seulement à ce domaine. Elle fonde en fait tout le travail d'historien de Michel Serres. C'est ainsi qu'il peut, par exemple, rattacher la physique contemporaine à la physique des fluides de Lucrèce, après la « parenthèse » classique (M. Serres : 1977, 86), puisque le temps ne coule pas continûment. Il vit à l'intérieur des systèmes qui le portent, qu'il marque, et son écoulement s'arrête parfois, parfois même revient sur ses pas. En fait, pour le philosophe, « la vieille question du continu ou du discontinu en histoire n'est jamais pertinente. Cela dépend de la mesure : si l'écart ou le saut est nul sur une direction horizontale, il peut être immense verticalement. Et s'il est immense dans le premier cas, il peut être nul dans le second cas » (M. Serres, 1980, p. 138). Rien ne serait donc plus faux que l'idée d'un progrès linéaire continu ou d'une décadence inéluctable, et cela aussi bien pour les sciences que pour l'histoire en général :

> Si [...] le temps de l'univers ou des vies paraît difficile à saisir, parce que ses éléments, mêlés, répugnent à se composer, à quel point celui de l'histoire, dont la somme fédère le chaos et les règles des choses du monde, les multiples évolutions des vivants, les échanges entre les groupes, les circuits économiques, monétaires, commerciaux, lourds et volatils, les guerres, fréquentes, et la paix, aussi rare que l'imprévisibilité des ouvrages de l'esprit... devient inaccessiblement inextricable et complexe ! [...] Par la somme infinie des informations qu'il suppose et la même synchronie de plusieurs temps, celui de l'histoire paraît plutôt se modeler sur le cours des météores (M. Serres, 1994, p. 100).

Penser le temps, et par conséquent l'histoire, reviendrait de la sorte à les voir tous deux plutôt comme des fluides, comme des écoulements turbulents à lire région par région. Mais alors, « l'évolution se compliquant jusqu'au chaotique [...], peut-on comprendre ce chaos et y trouver quelque loi ? » (M. Serres, 1993, p. 18).

La réponse, pour Serres, est négative : soit un ensemble de monuments, restes, traces et marques de ce qu'on appelle un moment donné de l'histoire. Ce moment est identiquement, pour nous, un ensemble, un nuage documentaire. Il s'agit d'un ensemble objectif :

solides matériels porteurs d'une information inscrite sur eux d'une manière ou d'une autre, selon tel ou tel code. Le Brillouin dicte alors que la connaissance exacte de ce nuage, et même son découpage précis, coûterait une quantité infinie de néguentropie. Il faudrait une insurpassable fortune pour payer la transformation du nuage en un ensemble dominé de part en part. D'où ce théorème, banal à force d'évidence, mais contraignant : la connaissance exacte d'un segment déterminé du passé coûterait l'infinité du temps à venir. Car il faut bien l'infini du temps pour acquitter une dette sans borne.

L'histoire comme science doit être payée du reste infini de l'histoire comme temps. Or une loi suppose l'exactitude et la précision des observations et des expériences ; elle suppose éliminées des erreurs et approches, ce qu'on a nommé, plus haut, refus ou négation de la dette. Qui prétend avoir trouvé une loi, prétend à l'exactitude au moment même où il l'exhibe : ou cela est absurde, car il prétend avoir terminé la colonne du doit, de droit interminable, ou c'est dérisoire, par le refus de l'assumer. Ou il n'y a pas de loi, ou elle est arbitraire, comme l'est la dispense qu'on se donne d'acquitter le reliquat. D'où le deuxième théorème, à pouvoir surabondamment corrosif: c'est une seule et même chose de prétendre montrer une ou plusieurs lois historiques, et de décider que l'histoire est finie, au moins à terme. Qui a dit ou dira découvrir une loi historique arrête, par cela même, et par sa décision, le temps de l'histoire.

La législation est coextensive à la fermeture. Ne dites plus loi, dites plutôt arrêt (M. Serres, 1980, p. 35-36). Parce que ces sources sont comme un fluide, un nuage (à propos duquel nous reviendrons), l'histoire en tant que science ne peut pas tout savoir d'une époque. Le cas contraire apparaîtrait déjà comme une délimitation ou une fermeture arbitraire. D'où il vient que pour Serres, énoncer une loi du fonctionnement de l'histoire - comme a pu le faire Hegel avec son mouvement dialectique, par exemple -, n'est autre que de lui imposer artificiellement des limites, d'en faire ce qu'elle saurait difficilement être : un système fermé. Mais comment, dès lors, pratiquer l'histoire, une histoire qui ne serait pas déclarative ?

Une première partie de la réponse se dégage à partir de deux autres apories que voit le philosophe dans la science historique traditionnelle. Ainsi, pour Serres, nous écrivons des histoires du globe, du ciel, des choses, du vivant, des intervalles temporels et des localités de l'espace, tout aussi bien que de l'argent, des langues, du costume, des rites, des fêtes et du sexuel. Nul ne songerait plus à chanter l'Histoire universelle, drame unique de l'humanité, trame unitaire soumise à une loi ou à une raison. Mais tout le monde travaille à l'épuisement des champs et des objets locaux dont l'histoire est possible. C'est dire que l'universel a changé de sens, de portée, de figure. Il s'agissait de sa compréhension, il s'agit de son extension. Il s'agissait de l'unité globale d'un spectacle, il s'agit d'une multiplicité que nous essayons de couvrir.

L'histoire est passée de Dieu à l'encyclopédie, quand les clercs sont passés des Églises aux sciences. L'universel est toujours là, mais sous forme de distribution, ou sous le signe du quantificateur (Michel Serres, 1986, p. 84). Si la multiplicité des histoires locales est de ce point de vue une amélioration par rapport à l'histoire totalisante, il n'en demeure pas moins que :

> [...] Qu'il n'y a pas de phénomène, qu'il n'y a pas d'état de choses, qu'il n'y a pas d'ordre des choses, dont il soit impossible, en droit et démontrablement, de faire l'histoire. Ce geste-là est toujours positif, jamais il n'est falsifiable. Et c'est cela qui est inquiétant. Et c'est par là que fuit le sens. (M. Serres, 1986, p. 86).

L'histoire est de la sorte problématique, dans un premier temps, parce que rien ne lui échappe, alors que l'ordinaire d'une science est non pas de vouloir tenir compte de tout, mais au contraire de se définir par la clôture de son champ et l'élimination maximale des variables à considérer (M. Serres, 1986, p. 84-90). De surcroît, elle est problématique par son passage inductif du local au global, où l'on retrouve la raison classique : une raison qui est, justement, ce passage, qui n'est que ce passage, qui n'est que ce prolongement. L'histoire est un prolongement du même genre. Or cette raison tient à des outils dont on oublie toujours qu'ils sont exceptionnels, le plus souvent, la connaissance du local ne permet pas la connaissance du global. Selon ces deux apories, l'histoire aurait donc avantage, selon le philosophe, à devenir une science non centrée, mais plutôt multiple et complexe, c'est-à-dire informée des théories du chaos, pour lesquelles une variation dans les conditions initiales ou à très petite échelle, aussi infime soit-elle, peut mener globalement à des résultats extrêmement différents.

Cette nouvelle histoire pourrait par conséquent se lire dans cet extrait, où le philosophe, réitérant sa pensée du temps fluctuant, demande aussi un retour aux choses, aux objets eux-mêmes : la terre jadis fut le sol originaire où se constitua la pensée théorique, en donnant sens au mouvement et au repos. La totalité de l'univers en évolution donne désormais son sens à la multitude des temps, comme à la relativité du mien.

Anachronique et panchronique, l'univers redevient le paradigme de la philosophie, son modèle réel, éminemment concret, excellemment abstrait. Kant décrivit une histoire des sciences, et trouva dans cette histoire la révolution copernicienne comme événement à répéter pour la métaphysique désormais rigoureuse. Peut-on désormais écrire une science de l'histoire, selon des temporalités mêlées, compliquées, à la recherche de leur intégration, et pour cela pratiquer une révolution sans éponyme, par retour au monde même (M. Serres, 1993, p. 34-35) ? Par ce retour au monde, aux objets, l'historien éviterait de choisir un et un seul point de référence, et il éviterait du même coup une temporalité unidirectionnelle.

Multiple, l'histoire deviendrait alors une science des circonstances et des propagations. Concernant l'idée de circonstance, elle recoupe directement la compréhension qu'a Serres du temps. En effet, si le temps est porté par les systèmes, alors comme lui, les systèmes percolent. Autrement dit, ils coulent ou progressent aléatoirement *« dans un environnement aléatoire»* (M. Serres, 1993, p. 44), et qu'ils naissent non pas tout d'un coup, mais de la rencontre d'une multitude de sources infimes. Ce que définit le seuil de percolation, « en deçà duquel rien, globalement, ne passe ni ne coule, en raison du trop petit nombre de connexions réalisées, mais au-delà duquel, tout à coup, la source s'élance, drue, abondante, continue, parce que les passages locaux ont augmenté jusqu'à se fédérer » (M. Serres, 1993, p. 44), et ce qui définit la tâche de l'historien : étudier les sources multiples, qu'elles soient d'origines géométriques, juridiques, politiques, discursives, philosophiques ou physiques, géographiques, voire religieuses. Quelle que soit sa nature, un système n'a rarement qu'une et une seule origine ; il est plutôt la rencontre d'une foule de confluents.

Ce qui fait de l'histoire serrésienne une étude des propagations, de celles qui ont mené au système aussi bien que de celles qui partent de lui, comme le donne à lire, par exemple, *La distribution*, où le philosophe regarde se propager au XIXe siècle les idées nées de la thermodynamique.

En général, il ne s'agit pas uniquement de la circulation d'idées : si l'histoire est une science de la propagation, de la communication, de la conservation et de la perte, d'une certaine manière, il y a, chez elle, des fluides et des solides. Si l'on ne tient compte que des phénomènes de propagation, alors la chaîne historique est analogue à la chaîne des témoignages sensoriels ou verbaux : visuels, auditifs, etc. ; or, il ne fait aucun doute, à nos yeux, qu'il soit possible d'appliquer à celle-ci le théorème bien connu de la ruine du joueur ou son modèle biologique, le calcul du terme de la disparition des gènes d'un géniteur donné. La rapidité de la perte dans une communication est calculable : elle est foudroyante.

Dès lors, la communication historique aurait pour modèle les phénomènes de propagation dans les fluides : ils disparaissent quand l'émetteur se tait. Elle serait indéfiniment coupée : l'histoire ne serait plus qu'une succession de pertes irréversibles, on n'y trouverait que des tables rases, indéfiniment effacée. Tout à l'heure, était d'essence la perte finie, ici la perte totale serait de définition. Mais l'histoire a aussi pour modèles les phénomènes technologiques, physiques ou biologiques, de conservation sur les solides ; nous renversons nos perspectives : découvrant les solides, la science les considère désormais comme des tables d'inscription d'une information communiquée ; réciproquement, l'histoire a été la première science à avoir utilisé les solides de cette manière, et aussi la technologie. Si bien que l'ensemble de témoignages dont elle fait usage, du manuscrit au manufacturé, c'est-à-dire du témoignage historique au témoignage préhistorique, sont des inscriptions de formes en général sur du solide en général. Elle passe alors de la perte foudroyant à la conservation à long terme (M. Serres, 1972, p. 123-124). Le lecteur retrouvera dans ces modèles de l'histoire un des fondements du nouvel esprit (en tant qu'il est le troisième état de l'esprit scientifique), où le penseur en arrive à considérer l'objet solide en lui-même et l'information dont il est porteur. L'histoire selon Serres est donc une étude des propagations et des circonstances à partir des objets eux-mêmes, dans ses gestes concrets aussi bien que dans ses visées.

Nous retrouvons ici la jonction entre Serres l'historien et Serres le philosophe. Car si, pour faire l'histoire, l'un est amené à étudier des origines multiples et d'ordres différents, ce travail mène l'autre à penser la communication entre les différents champs transcendantaux. Considérant en effet le rôle qu'attribue Serres à l'objet dans la formation des collectifs, il devient évident que les sciences rétroagissent sur ces groupes, en modifiant les techniques ou les technologies autour desquelles ils s'organisent. Dans *Hominescience*, le philosophe va même jusqu'à écrire que :

> Ces vérités sociales si vite comprises n'ont que peu d'impact sur les sociétés elles-mêmes, alors que les plus difficiles, concernant les particules atomiques, par exemple, ou la transcriptase inverse, déclenchent terreur ou guérison qui entraînent à leur tour des tremblements sociaux qui font bifurquer le temps. Paradoxe : la société change avec des vérités non sociales ; [...] les sujets changent avec les vérités de l'objet [...]. (M. Serres, 2001, p. 213-214).

Dans cette perspective, ce sont d'abord les sciences qui changent nos conditions de vie matérielles, qui font évoluer l'histoire tout court. Ou, plus précisément, ce sont les évolutions technologiques qui vont elles-mêmes influencer les sciences qui en retour permettront de nouvelles avancées technologiques. Par exemple : au moment où l'imprimerie multiplia la diffusion des manuscrits, peu nombreux et transportables difficilement, les Renaissants, à leur tour, lancèrent la Réforme et inventèrent les sciences physiques. Le changement de support pour le stockage, la transmission et la délivrance des messages conditionnèrent l'apparition de ces nouveautés pour transformer les sciences et les religions, une fois encore, sans parler des institutions publiques ni du moi privé qui pense. La raison occidentale se construisit avec chacun de ces supports, dont l'histoire ordinaire des sciences ne tient que rarement compte, et bifurqua brusquement dès qu'ils se transformèrent. En redressant ainsi nos perspectives sur l'histoire des sciences, nous croyons aujourd'hui comprendre que l'émergence des mathématiques antiques et de la physique moderne tint respectivement à celle de l'écriture et à celle de l'imprimerie.

L'avènement d'un troisième support (l'informatique) nous place-t-il dans le même type de crise et de mutation, de pertes et de bénéfices (M. Serres, 2001). Particulièrement intéressant pour comprendre l'histoire serrésienne, ce passage en marque deux aspects primordiaux. D'une part, l'importance qu'accorde Serres aux communications et à leurs technologies dans les évolutions historiques. Mais surtout, comment un changement dans l'un des trois transcendantaux - en l'occurrence, celui des objets -, se répercute sur les deux autres, sciences et groupes humains, et comment cela peut rétroagir sur lui-même. L'inverse est également vrai : la notion de thanatocratie indique clairement comment les groupes humains façonnent les savoirs et le monde. Enfin, ce même exemple nous amène à voir comment l'histoire des sciences peut servir au philosophe à anticiper, ou tout au moins à réfléchir sur l'avenir. Considérant des circonstances similaires à celles de l'évolution des technologies informatiques, le philosophe pose la question des répercussions de cette évolution. Difficile d'y répondre, car il ne saurait exister de loi en histoire. Cela ressemble pourtant à un retour à une origine, comme si le temps était une spirale, un attracteur étrange.

Conclusion

Quelle est, en somme, l'histoire mathématique serrésienne, et comment s'intègre-t-elle à son projet philosophique ? Histoire des sciences, d'abord, elle sert l'épistémologue en s'intéressant surtout à l'insu des savoirs, c'est-à-dire aussi bien à leurs origines qu'à leurs rapports les uns aux autres, ou avec les autres transcendantaux. Interne, puisqu'elle suit ce que les sciences disent d'elles-mêmes, elle s'appuie sur la conception d'un temps non-connexe, turbulent, et étudie les circonstances, nombreuses, des origines, multiples. Elle est en ce sens plus procédurale que déclarative, plus fluide que solide, cherchant à saisir les propagations plutôt que d'énoncer des lois. En cela elle sert encore le philosophe, qui étudie alors les communications ; pour ce faire, il met en relation, et développe une vision du réel où les savoirs, les hommes et le monde sont tous inter-reliés ou en situation d'interférence.

Bibliographie sélective

I. Ouvrages

SERRES Michel, 2001, *Hominescence,* Paris, Le Pommier.
SERRES Michel, 1994, *Atlas*, Paris, Julliard.
SERRES Michel, 1993, *Les origines de la géométrie*, Paris, Flammarion, coll. Champs.
SERRES Michel, 1968, *Hermès I. La communication*, Paris, Éditions de Minuit, coll. Critique.
SERRES Michel, 1972, *Hermès II. L'interférence*, Paris, Éditions de Minuit, coll. Critique.
SERRES Michel, 1977, *Hermès IV. La distribution*, Paris, Éditions de Minuit, coll. Critique.
SERRES Michel, 1980, *Hermès V. Le passage du Nord-Ouest*, Paris, Éditions de Minuit coll. Critique.
SERRES Michel, 1968, *Le système de Leibniz et ses modèles mathématiques*, Paris, Presses universitaires de France, coll. Épiméthée.

DURAND Daniel, 1979, *La systémique*, Paris, Presses universitaires de France, coll. « Que sais-je ? ».
MORIN Edgar, 1977, *La méthode. I. La nature de la nature*, Paris, Seuil, coll. Points.
PIAGET Jean, 1970, *Le structuralisme*, Paris, Presses universitaires de France, coll. « Que sais-je ? ».
ROSNAY Joël, 1975, *Le macroscope. Vers une vision globale*, Paris, Seuil, coll. Points.

B. Articles et revues

SERRES Michel « Les anamnèses mathématiques », in *La communication, Encyclopoedia Universalis, http://www.universalis-edu.com.* (Page consultée le 13 septembre 2015).
SERRES Michel et FAROUKI Nayla, 1997, « Thermodynamique », in *Le trésor. Dictionnaire des sciences,* Paris, Flammarion.
SERRES Michel, 1989, « Préface qui invite le lecteur à ne pas négliger de la lire pour entrer dans l'intention des auteurs et comprendre l'agencement de ce livre », in *Éléments d'histoire des sciences, Paris, Bordas* (Cultures).
SERRES Michel, 1973, « Leibniz. Le système », in *Histoire de la philosophie II*, Paris, Gallimard.

La méthodologie poppérienne à l'épreuve de l'histoire des sciences et des techniques

Jean-Aimé SAFOU

Introduction

L'une des erreurs, et non des moindres, des philosophies de la méthode est d'avoir établi la méthodologie (le terme traduit aussi bien l'étude des règles ou principes concernant la procédure de recherche, le mode d'acquisition des connaissances que ces règles ou principes eux-mêmes. Notons que les épistémologues distinguent précisément la méthode de la méthodologie. La première est un ensemble de règles auxquelles l'esprit se conforme pour atteindre un certain but - c'est par exemple le cas des règles de la méthode cartésienne -, la seconde étant une étude analytique du fonctionnement et de la capacité opératoire desdites règles - c'est le cas de la méthodologie poppérienne) sur le mode de la panacée, considérant qu'elle était la solution à tout, qu'elle s'appliquait ou devrait s'appliquer à tous les domaines de la connaissance, qu'elle était susceptible d'expliquer (démarquer selon le mode falsificationniste les domaines de connaissance entre ceux pouvant recevoir une explication scientifique et ceux qui ne le peuvent pas, c'est aussi expliquer) l'ensemble des phénomènes liés au domaine du « connaître », y compris le domaine des arts et des techniques où son application paraissait encore plus problématique.

Selon ces philosophies, à l'exemple de Descartes, de Popper et de Lakatos, la méthodologie est la voie royale menant inéluctablement à la connaissance. Cette position, rejetée par Canguilhem (2008, p. 75), est jugée absolument inadéquate, inadaptée et incohérente par rapport à la réalité et à la pratique scientifique. Face à l'histoire des sciences, les tenants de la méthodologie ne font pas bonne figure. Ils omettent le fait que l'histoire des sciences est faite de ruses, notamment au niveau de la continuité de l'esprit scientifique. Dans cette perspective, les différentes philosophies de la méthode paraissent plutôt dogmatiques, en s'arcboutant sur des principes méthodologiques très généraux et intangibles.

En voulant codifier le domaine de la recherche historique, elles se heurtent à des difficultés signalées par exemple par Feyerabend. Selon lui, en effet, « L'idée d'une méthode basée sur des principes rigides et immuables auxquels il faudrait absolument se soumettre pour la conduite des affaires de la science rencontre des difficultés considérables lorsqu'elle se trouve confrontée avec les résultats de la recherche historique » (K.P. Feyerabend, 1979, p. 20). Feyerabend est d'ailleurs prompt à rappeler les conditions de la réussite et de l'établissement de certaines théories et faits importants dans le domaine de l'histoire des sciences. Ainsi, écrit-il :

> [...] l'invention de l'atomisme moderne (théorie cinétique, théorie de la dispersion, stéréo-chimie, théorie des quanta), la naissance progressive de la théorie ondulatoire de la lumière n'ont pu se produire que parce que quelques penseurs ont décidé de ne pas se laisser emprisonner par certaines règles méthodologiques ''évidentes'' ou bien parce qu'ils les ont transgressées involontairement. (K.P. Feyerabend, 1979, p. 20).

A l'issue de ce rappel et constat historiques, une conclusion s'impose : « Cette idée est l'un des acquis majeurs des récentes discussions sur l'histoire et la philosophie des sciences » (K.P. Feyerabend, 1979, p. 20). L'histoire des sciences et des techniques est un domaine où la codification s'avère difficile, dans la mesure où il ne s'agit pas d'évaluer des énoncés ou simplement des théories, mais d'étudier d'une manière critique les faits dans leur constitution et par rapport à ce qu'ils nous apprennent concernant l'évolution de la connaissance scientifique. Il s'agit en réalité d'étudier les faits (ou théories) dans ce qu'ils ont de « précédant » et de « succédant », c'est-à-dire dans leur capacité à nous renseigner sur le passé scientifique et à nous alerter sur le futur de la science. En un certain sens, l'histoire des sciences et des techniques apparaît comme le lieu où la codification atteint indéniablement ses limites, et ce à cause de la liberté dont jouit l'esprit qui est à l'œuvre. Cette difficulté est d'autant plus réelle qu'elle donne à constater que là où les "méthodologues'' espèrent obtenir une adéquation entre les théories et les faits, l'historien des sciences n'attend rien de tout cela, il ne la recherche pas non plus. L'absence d'adéquation entre théories et faits ne constitue pas véritablement un problème, car seuls les faits comptent. L'histoire des sciences et des techniques nous révèle au contraire que cette espérance hautement improbable est surtout inatteignable. C'est ce qu'exprime à travers ces mots l'historien des sciences Pierre Thuillier : « Si l'histoire des sciences a pu mettre à jour un « fait » important, c'est sans doute celui-ci : jamais il n'y a une adéquation parfaite entre les théories et ‘‘ les faits'' » (P. Thuillier, 1988, p. 2).

L'épistémologue recherche à tout prix cette adéquation, arguant qu'elle est la seule manière de rendre crédible l'entreprise scientifique. Face à cette obstination, la remarque de Thuillier peut apparaître comme une mise en garde quant aux prétentions des tenants de la méthodologie, notamment lorsqu'il s'agit de penser qu'il existe une « méthode universelle » permettant à la fois d'élaborer des théories strictement fidèles aux faits (P. Thuillier, 1988, p. 2) et de procéder à leur évaluation sans la moindre difficulté. L'un des éléments impliqués dans cette adéquation, en l'occurrence le « fait », n'est pas toujours perçu de manière identique par les épistémologues, les philosophes des sciences et les historiens des sciences et des techniques. D'où l'interrogation suivante : qu'est-ce qu'un fait ? Cette interrogation en appelle d'autres. Peut-on ou doit-on établir une différence entre fait scientifique et fait scientifique historique ? La réflexion peut-elle être du même ordre selon qu'il s'agit du fait scientifique pur ou du fait scientifique historique ? La différence de perception de ladite notion qui deviendra évidente au fur et mesure de notre analyse se manifeste d'ores et déjà dans cette confrontation entre l'épistémologie poppérienne et l'histoire des sciences en général. Bien que n'étant pas historien des sciences, Popper a soutenu et proposé des idées allant dans le sens d'une évolution significative de la science et d'une interprétation de la méthodologie historique. C'est en ce sens qu'examinant la question de la discontinuité chez cet auteur, Pascal Acot (1999, p. 35) écrira ceci : « Quoique philosophe et épistémologue, et non historien des sciences à proprement parler, Karl Raimund Popper (1902-1994) a introduit une conception originale dans la problématique de la discontinuité ». Or, cette problématique est régulièrement étudiée en histoire, et particulièrement en histoire des sciences.

Avant de revenir plus longuement sur cette notion (cette notion de « fait » est analysée dans le deuxième point de notre étude, notamment par rapport aux problèmes qu'elle pose quant à la science), notons que le fait est d'abord perçu comme étant « l'ensemble de données extra-logiques en vertu desquelles un énoncé empirique peut être tenu pour vrai ou faux selon qu'il y correspond ou non (R. Nadeau, 1999, p. 262). Cette définition semble parfaitement correspondre aux visées de la méthode épistémologique consistant non seulement à évaluer la scientificité des théories en confrontant celles-ci à la réalité empirique, mais également à déterminer leur valeur de vérité. Au départ, l'ensemble des observations, d'hypothèses et déductions logiques donnent lieu à une théorie dont la valeur de vérité peut être vérifiée selon qu'elle correspond à la réalité décrite. Mais lorsque cette théorie entre en application et qu'elle doit faire partie du quotidien des hommes, elle cesse d'être une simple théorie et devient un « fait » (P. Thuillier, 1988). Dans la mesure où il existe des faits construits, et non pas simplement constatés, ceux-ci ne peuvent être considérés - naïvement - comme des réalités simplement données dans l'expérience. Cette transformation, ou si l'on préfère, ce passage de l'observation simple au construit est à l'origine de la distinction devenue classique et obligatoire en matière d'analyse et de réflexion scientifique entre « fait d'observation » et « fait construit ». Et si cette double acception n'est admise que dans une analyse philosophique de la science, ce n'est pas le cas concernant l'histoire des sciences et des techniques. Dans ce domaine, en revanche, seuls comptent les « faits construits ». Or, ceux-ci se caractérisent par leur complexité, avec laquelle l'historien des sciences doit nécessairement composer.

Le fait est ensuite conçu comme un « ensemble d'éléments » réunis à partir de données complexes issues des découvertes scientifiques, fruit d'observations et de déductions logiques, mais auxquelles ont été mêlées nombre de considérations extrascientifiques, qui ne sont pas nécessairement irrationnelles. Dans cette perspective, ce que l'on qualifie parfois de « faits du monde », ne sont autres choses que ces faits établis par les scientifiques eux-mêmes et que les historiens des sciences considèrent comme faisant désormais partie de la vie. Par exemple, « c'est un fait ‘‘ scientifiquement établi'' que la Terre n'est pas le centre de l'univers, que la lumière voyage à une vitesse de 300000km/s., qu'un être humain normalement constitué possède 23 paires de chromosomes, etc. » (R. Nadeau, 1999, p. 412). Néanmoins, nous pensons que l'histoire des sciences et des techniques est régie par une « *pratique libérale* » de la science (P. Thuillier, 1988). Elle concerne précisément les domaines de l'invention et de la découverte. De fait, la question est de savoir si ce caractère libéral de la science et la spécificité de l'histoire des sciences et des techniques, ne constituent-ils pas une sorte de limite pour l'application de la méthodologie poppérienne ?

1 - Fiabilité et assurances méthodologiques poppériennes

Tout part d'un double rejet de la méthode inductive, caractéristique de « la logique de la science » ou « logique de la connaissance », et de la conception positiviste (celle du Cercle de Vienne) qui n'accorde aux généralisations inductives que le statut de « vérités probables ». Dès le premier chapitre de *La logique de la découverte scientifique*, Popper écrit ce qui suit : « Selon une vue largement répandue, combattue d'ailleurs dans ce livre, on peut caractériser les sciences empiriques par le fait qu'elles utilisent des "méthodes" dites "inductives" » (K.R. Popper, 1973, p. 23). Ce rejet débouche sur la mise en œuvre d'une épistémologie qui marquera le XXème siècle et sur l'établissement d'une méthodologie qui se voudra intégrale et dont la mission essentielle, également double, consiste en l'évaluation de la connaissance scientifique et en la démarcation des différents domaines de connaissance.

Les raisons invoquées par Popper pour marquer le rejet de l'induction tiennent essentiellement de ce que cette dernière ne peut en aucune manière constituer une méthode de justification ou une procédure valide pouvant fonder la connaissance scientifique. L'accumulation de faits particuliers ne peut jamais, selon lui, permettre de conclure avec certitude à la vérité d'une loi générale. Il n'existe aucune logique dans l'attitude d'un certain nombre d'hommes de sciences, y compris dans celle du sens commun, à considérer qu'on peut inférer des « énoncés universels à partir d'énoncés singuliers », malgré le nombre considérable de tels énoncés. Ce que Popper appelle *énoncés singuliers*, ce sont des énoncés particuliers, ou encore « des comptes rendus d'observations ou d'expériences » (K.R. Popper, 1973, p. 23). Ce sont des rapports descriptifs des faits ou événements rencontrés dans la nature. Ainsi, cette affirmation selon laquelle « L'oiseau que Tom voit depuis son balcon est un cygne blanc », est un énoncé singulier parce qu'il rapporte et décrit un fait particulier du monde. Nous reviendrons sur la caractérisation de cette notion de « fait », ainsi que sur les difficultés qu'elle présente tant du point de vue de l'analyse logique qui intéresse les sciences empiriques, que de celui de l'histoire des sciences.

A côté de ce type d'énoncés, il existe des *énoncés universels* qui ne sont autres que « *des hypothèses ou des théories* » (K.R. Popper, 1973, p. 23). Ils sont ainsi considérés parce que leur champ d'application n'est pas limité dans l'espace-temps. C'est le cas de l'énoncé suivant : « *Tous les cygnes sont blancs* ». Cet énoncé est valable quelle que soit la partie du monde où ces cygnes sont observés et par n'importe quel observateur. La négation de tels énoncés est logiquement équivalente à un certain type d'énoncé que Popper appelle un « existentiel pur ». Il s'ensuit que si nous considérons l'énoncé : « *Il est faux que tous les cygnes sont blancs* », alors celui-ci équivaut à l'énoncé : « *Il existe au moins un cygne non blanc* ». D'après Popper, en effet, quel que soit le nombre aussi important d'énoncés singuliers, on ne peut d'une manière logique inférer une loi générale ou en déduire sa vérité à partir desdits énoncés :

> Il est loin d'être évident, écrit-il, d'un point de vue logique, que nous soyons justifiés d'inférer des énoncés universels à partir d'énoncés singuliers aussi nombreux soient-ils ; toute conclusion tirée de cette manière peut toujours, en effet, se trouver fausse : peu importe le grand nombre de cygnes blancs que nous puissions avoir observés, il ne justifie pas la conclusion que tous les cygnes sont blancs (K.R. Popper, 1973, p. 23).

De cette manière, Popper peut soutenir que la tendance consistant à assimiler ou à identifier « logique inductive » et « logique de la découverte scientifique » est non seulement un non-sens, une absurdité, mais surtout une erreur absolue. Dans un article (J.A. Safou, 2010), nous soulignons que Popper a tort de disqualifier l'induction comme méthode dans tout processus de recherche et de découverte. Chez Popper, la seule méthode permettant à la fois la découverte et la compréhension du progrès de la science dans le temps est la méthode déductive de contrôle. De là à rejeter la méthode inductive, il n'y a qu'un pas que l'épistémologue peut franchir allègrement. En effet, si Popper rejette le « principe d'induction », c'est parce qu'il pense que nous n'avons aucun moyen de le justifier, ni de le vérifier. En réalité, ce principe, qui serait lui-même un énoncé, n'existe pas de son point de vue. L'admettre, c'est d'une certaine manière admettre le superflu et les incohérences dans le système de la science. C'est également s'orienter inexorablement vers la régression à l'infini, puisque nous serions conduits à justifier indéfiniment son fondement (K.R. Popper, 1973, p. 24-26).

Au rejet du principe d'induction se trouve également joint le probabilisme défendu par les tenants du positivisme logique (Reichenbach, par exemple). Le probabilisme se résume dans cette formule selon laquelle, il est possible d' « atteindre un certain degré de véridicité ou de probabilité ». C'est en ce sens que Reichenbach présente le principe d'induction « comme le moyen par lequel la science décide de la vérité ». Aussi, écrit-il que :

> Nous devrions dire qu'il sert à décider de la probabilité. Car il n'est donné à la science d'atteindre ni la vérité ni la fausseté, les énoncés scientifiques ne peuvent qu'atteindre des degrés continus de probabilité dont les limites supérieures et inférieures, hors d'atteinte, sont la vérité et la fausseté (K.R. Popper, 1973, p. 25-26).

L'offensive poppérienne est désormais claire. En effet, ce n'est pas uniquement l'induction en général qui est en cause, mais aussi la manière dont elle est formulée et ses implications, c'est-à-dire ses conclusions probabilistes. Outre sa reformulation, son remplacement devient plus que nécessaire. C'est par la logique déductive ou « méthode déductive de contrôle » qu'elle le sera (K.R. Popper, 1973, p. 26). La nouvelle méthode consiste à soumettre les hypothèses à des tests empiriques. Elle est la seule qui puisse être considérée, assure Popper, comme la plus fiable, garantissant de ce fait même la scientificité du domaine de connaissance qu'elle investit. La mise en place de la méthode déductive par Popper, ou ce qui revient au même, son rejet de la méthode inductive tient précisément de ce que celle-ci « ne fournit pas de critère de démarcation adéquat » entre ce qui relève de la science et ce qui n'en relève pas (K.R. Popper, 1973, p. 30). L'induction ne serait pas capable de rendre compte de la dynamique de la science et vraisemblablement de la pratique scientifique dans le temps. La tâche cruciale de l'épistémologie, qui est fondamentalement de trouver un critère de démarcation acceptable, devrait donc préciser les domaines propres entrant dans le giron de ce qu'on appelle science.

La fiabilité de la ''méthode déductive de contrôle'' réside dans son critère. Celui-ci apparaît comme le moteur de toute l'activité scientifique. Il est conçu pour distinguer, non pas la science de la métaphysique (le positivisme logique distingue entre énoncés scientifiques pourvus de sens et énoncés métaphysiques dépourvus de sens), mais les énoncés scientifiques de ceux qui ne le sont pas. C'est un critère qui opère non pas à l'extérieur des frontières d'une science pourtant de plus en plus conquérante, mais à l'intérieur des frontières de celles-ci. Il opère au sein de la science elle-même. Un tel critère de démarcation, à savoir la « falsifiabilité », devrait en réalité exiger d'un système scientifique quelconque que « sa forme logique soit telle qu'il puisse être distingué, au moyen de tests empiriques, dans une acception négative » (K.R. Popper, 1973, p. 57). En clair, la scientificité de ces énoncés devrait dépendre de leur capacité à être falsifiés. Ce qui amène

Popper à conclure qu' « un système faisant partie de la science empirique doit pouvoir être réfuté par l'expérience » (K.R. Popper, 1973, p. 57).

L'histoire des sciences et des techniques, bien qu'elle se nourrisse des faits scientifiques qu'elle analyse suivant leur importance et leur empreinte historique, n'est pas une science empirique au sens strict. D'où la suspicion portée sur le caractère intégral du critère méthodologique poppérien. Celui-ci n'est pas apte à évaluer et invalider les faits d'histoire des sciences et des techniques. Et si Popper se montre très critique à l'égard de ceux (Popper vise particulièrement les positivistes logiques et les wittgensteiniens) qui confondent « logique inductive » et « logique de la découverte » (cette critique est dirigée principalement contre les positivistes logiques, leurs sympathisants ou collaborateurs), lui-même n'est pas exempt de tout reproche. Le déductivisme qu'il promeut pose des problèmes épistémologiques certes, mais on peut convenir que ses prétentions s'écrasent sur le mur de l'histoire des sciences et des techniques. Dans son schéma méthodologique, il est question de ne s'occuper que des « relations logiques ». Le déductivisme pose des problèmes intellectuels, ceux liés à notre disposition d'esprit à accepter un critère qui est en réalité une simple construction théorique, laquelle n'a aucun pouvoir sur les motivations et choix souterrains des individus dans le temps. Cet état de chose relève d'ailleurs de ce que Popper qualifie précisément de « psychologisme ». Un psychologisme qu'il réfute, mais dont on ne peut nier l'influence insidieuse dans l'élaboration, l'explication et la compréhension du fait scientifique historique.

Les lignes qui vont suivre traiteront, entre autres points, des limites de la méthodologie poppérienne. L'application indistincte du critère poppérien d'évaluation de la science place indéniablement les hommes de science devant des difficultés insolubles, qui ne sont pas qu'épistémologiques. Car, au-delà d'ignorer délibérément la complexité des faits (ou théories) à évaluer, Popper n'a pas pris la mesure de ce que ceux-ci ont un caractère non neutre.

2 - Complexité des faits et prétentions méthodologiques

Ce que l'épistémologie considère comme un fait n'est pas autre chose que ce qui peut être constaté, ce qui peut être avéré ou qui peut faire l'objet d'une « entente intersubjective au terme d'une vérification, d'une mesure ou d'un contrôle expérimental ». Perçu de cette manière, le fait est en effet ce à quoi correspond un énoncé vrai.

Robert Nadeau le définit de la manière suivante : « Ce qui est établi et reconnu par la science, peu importe la discipline dont on parle : c'est ce qui est constatable ou observable, et donc ce qui, en principe du moins, peut être causalement expliqué » (R. Nadeau, 1999, p. 411). Mais le fait, c'est aussi, poursuit-il, « ce sur quoi l'on peut se mettre d'accord et faire consensus » (R. Nadeau, 1999, p. 411). Cette définition est la résultante, pour ainsi dire, de notre perception et le fruit de notre représentation de la réalité. Elle traduit, certes, l'effort de perception du sujet, mais elle manifeste surtout sa capacité de théorisation et d'accession à un accord intersubjectif. Cet effort de dériver la théorie des observations et constats empiriques amène à considérer la théorie elle-même comme un fait, puisque les hommes de sciences sont susceptibles de se mettre d'accord autour d'elle et de vérifier sa capacité à rendre compte efficacement du réel. Cette manière d'appréhender le « fait » minimise le fait que l'on soit sur le mode descriptif de la réalité, explicatif des phénomènes et sur le mode de la formulation propre d'une théorie.

On en vient ainsi à considérer la théorie elle-même comme un fait dont l'épistémologue ou le méthodologue cherche à comprendre la structuration. Cette structuration permet de comprendre en retour la réalité décrite et d'être confrontée à la même réalité. Lorsque l'historien s'emploie à analyser ce « fait » ainsi que la théorie qui le décrit, il cherche avant tout à comprendre l'apport de la théorie sur le plan historique, et ce par rapport aux circonstances socio-psychologiques ayant concouru à son élaboration. Or, Popper ne fait pas grand cas de ce qu'on pourrait appeler « l'environnement théorique ». Ce qui est fondamental chez lui et qu'il place au centre de l'enquête, c'est la théorie elle-même, du moins ses caractéristiques logiques.

Dans cette optique, la détermination du progrès historique de la science réside dans la capacité à la fois prédictive et de réfutabilité de la théorie. L'idée que celle-ci ait pu être adoptée par plusieurs traditions n'a aucune importance. A ce moment, Popper néglige l'influence ou les incidences de l'environnement théorique (K.R. Popper, 1973, p. 80-82). Pourtant, on peut bien se rendre compte, à la lecture de *La logique de la découverte scientifique*, qu'il traite la théorie comme n'importe quel fait. Lorsqu'une théorie est établie, un poppérien cherche d'abord à déterminer sa valeur de vérité à partir de la validité de ses énoncés, de la confrontation avec l'expérience et surtout à partir de la comparaison théorique. Ensuite, il cherche à évaluer, à travers la supériorité théorique, une théorie quelconque par rapport à une autre. De là, il peut déterminer le progrès scientifique, en tant que celui-ci donne des indications sur le sens de l'histoire. Mais il faut préciser immédiatement que le progrès historique n'est pas véritablement inscrit dans le « programme de recherche » poppérien. C'est nous qui soulignons. Car, lorsque Popper se réfère à l'histoire, c'est pour la condamner systématiquement et fustiger l'attitude de ceux qui voient en elle un système de pensée rationnelle et bien élaboré.

D'ailleurs, Popper n'a développé qu'un programme de recherche métaphysique (K. R. Popper, 1973, p. 250-255), conséquence d'une analyse rigoureuse de la science, de la physique en particulier. A y regarder de près, ce programme devrait en réalité s'intituler, « programme de recherche logique », tant l'étude et l'analyse des problèmes traités concernent essentiellement la nature, la forme logique et la vérité ou la fausseté des énoncés. C'est ainsi que même lorsqu'il proclame « la pauvreté de l'historicisme » (K.R. Popper, 1956, p. 1), peu importe qu'il s'agisse de l'historiographie scientifique ou de l'historicisme en général, ce qui l'intéresse c'est la forme logique de leurs énoncés, c'est-à-dire leur disposition à être falsifiée.

Nous avons suggéré que Popper traitait les théories comme des faits. Si tel est le cas, alors elles méritent toute l'attention du chercheur en épistémologie et, partant, celle du méthodologue. En revanche, l'historien des sciences et des techniques ne s'y intéressera pas pour les mêmes raisons. Pour lui, en effet, avant qu'on ne cherche à établir leur supériorité par rapport aux recherches précédentes, datant parfois de plusieurs siècles, on doit préalablement souligner le fait que ces théories ont une dimension historique qui dépasse le côté réducteur de leur évaluation empirique. Elles ont une histoire. C'est par rapport à leur historicité qu'il faudra établir leur supériorité et leur progrès scientifique. Ce que l'épistémologue comprend moins bien, ou pas totalement, c'est à la fois la force de cette dimension historique et, pis encore, la complexité des faits (ou théories) qu'il étudie. Il prétend les examiner comme des faits bruts, comme des théories isolées, en excluant presque systématiquement la dimension psychosociologique, leur interrelation et, corrélativement, leur historicité.

En effet, de même qu'il n'existe pas de faits bruts, c'est-à-dire d'observations phénoménales brutes, de même il n'existe pas de théories pures. Cette vérité est loin d'être comprise et admise par l'épistémologue-méthodologue pur. Mais comprenons bien, si les théories peuvent être traitées comme des faits, il n'en demeure pas moins qu'elles sont empreintes de psychologisme, de sociologisme, d'idéologie. Elles baignent toutes, pour ainsi dire, dans un environnement déterminé, marqué du sceau du passé. Bien qu'on puisse admettre que les « faits » ne peuvent être appréhendés qu'à travers le filtre de la théorie qui en commande l'observation, il reste que pour un historien des sciences en particulier, l'étude d'un fait scientifique et historique sacrifie nécessairement la naïveté du philosophe, de l'épistémologue voire du méthodologue pur. C'est ce que pense d'ailleurs Canguilhem.

Pour lui, en effet, l'analyse d'un fait, ou d'une théorie, doit s'inscrire dans le cadre d'une histoire des travaux précédents, et ce suivant l'atmosphère de l'époque. Par exemple, si nous devions examiner un fait établi tel que le mouvement de la terre, ou encore une théorie établie telle que la théorie de la gravitation, nous adopterions une approche méthodologique rigoureuse qui tienne compte de leur complexité respective. On se garde alors d'apporter des explications simplistes devant certains faits. Ainsi, lorsque le géocentriste Tycho Brahé (1546-1601), en 1576, et l'héliocentriste Johannes Kepler (1571-1630), en 1609, contemplent le soleil, par exemple, leur rétine a beau être bombardée par des photons semblables, ils ne voient pas la même chose (Ph. de la Cortadière, 2004, p. 240-242). Alors que Tycho Brahé voit un objet brillant qui tourne autour de la Terre, Kepler voit un objet brillant fixe autour duquel tourne la Terre.

Pour la postérité, deux interprétations ou explications possibles sont avancées. L'épistémologue de l'école poppérienne sera porté à croire que le problème est plutôt d'ordre logique, c'est-à-dire qu'il est inhérent à la logique des propositions émises par l'un et par l'autre. Aussi, exigera-t-il que soient mises à l'épreuve les suppositions « le Soleil tourne autour de la Terre » et « la Terre est en mouvement autour du Soleil ». En clair, qu'on puisse vérifier leur conformité avec l'expérience. Il pourra également arguer le fait que les deux savants ont chacun une approche méthodologique différente. Certes, on peut considérer que ce sont deux traditions scientifiques, deux visions du monde qui s'affrontent. Dans cette circonstance, l'historien des sciences et des techniques est plus apte et plus à l'aise à fournir une interprétation plus adéquate. Il pourra ainsi constater que ce sont deux visions du monde qui s'expriment. D'un côté, la vision géocentriste héritée de Claude Ptolémée (v. 100-v170), et de l'autre, la mise en évidence d'une vision héliocentriste héritée de Nicolas Copernic (1473-

1543). La première est profondément enracinée dans une tradition qui consacre le sujet pleinement rationnel, créateur et dominateur. La seconde s'appuie sur une tradition qui limite les pouvoirs du sujet.

Soulignons à cet effet que pour justifier son refus de l'héliocentrisme, Tycho Brahé invoque non seulement des raisons théologiques inhérentes au système copernicien, mais surtout des raisons scientifiques et historiques remontant à Aristote. Rappelons par ailleurs, et à toutes fins utiles, qu'Aristote est celui qui a soutenu l'impossibilité du mouvement de la Terre en considérant que parce qu'elle est un corps lourd, dense et opaque, elle est inapte au mouvement. Il ajouta que si la Terre tournait autour du Soleil, alors on devrait observer une parallaxe des étoiles. Ce qui n'est pas le cas. Cet argument a depuis été rejeté, d'abord par Copernic en son temps, ensuite par ses successeurs. A travers cet exemple, on comprend au moins deux choses. La première est que l'on ne peut ignorer la dimension socio-psychologique dans l'étude ou l'examen d'un fait, dans le cas d'espèce, une théorie. Ce qui oblige les observateurs à voir ce fait sous des mondes différents. La seconde est qu'il ne peut y avoir une seule et même signification pour un même fait.

Nous devons donc proscrire l'idée qu'un fait puisse recevoir une seule et unique signification, et que celle-ci soit linguistique. Si nous nous référons une fois encore au « mouvement de la Terre », nous pouvons considérer ce fait comme relevant à la fois du théorique, comportant une dimension subjective et une dimension objective, et de l'historique dont l'influence est, là aussi, double. Elle est double parce qu'on tient évidemment compte des circonstances (les conditions de la recherche) et de l'époque. Un fait qui réunit analyse épistémologique et analyse historique peut également être compris de la manière suivante : il s'agit d'un phénomène, d'un événement qui sollicite notre appréhension, plus précisément notre compréhension à partir de l'observation. Cela voudrait dire aussi qu'il réfère à l'ensemble de suppositions autour d'un phénomène pouvant constituer, avec les impressions qui se dégagent de l'observation réelle, une théorie. Cette théorie est susceptible d'une analyse critique. Et comme nous venons de le souligner, qu'il s'agisse d'une théorie ou d'un fait historique, Popper le traite uniquement d'un point de vue logique.

Quelles conséquences peut-on déduire de l'application du logique au socio-psychologique et par ricochet, à l'historiographie de la science ? Si l'on se fie aux incursions de la psychologie (cette psychologie éclot au travers de la problématique de la base empirique et de la problématique humienne de l'induction) dans l'étude poppérienne de la logique de la science (K.R. Popper, 1973, p. 92-93), on pourrait facilement penser que Popper a anticipé la critique concernant l'omission de l'interaction de l'historique avec les faits scientifiques étudiés. Or, une lecture attentive des textes poppériens montre bien le mépris qu'il a pour cette dimension psychologique de la science. Pour l'historien des sciences, la prise en compte de celle-ci aide à comprendre le fait, et plus généralement les découvertes scientifiques. Alors, quel crédit accorder au critère logique de falsifiabilité ? Selon Georges Canguilhem, avec ce critère, l'épistémologie se trouve dans une situation fausse. Car, l'épistémologie ne peut raisonnablement évaluer l'histoire des sciences et des techniques, qui elle-même a une histoire. Les faits scientifiques (ou théories) qui la constituent ont une histoire. On ne peut donc se limiter à une étude ou saisie logicienne et linguistique des faits (ou théories). C'est dans ce sens qu'il écrit : « Sous le rapport de la chronologie, l'histoire des sciences ne doit rien à cette sorte de discipline philosophique que, depuis 1854, semble-t-il, on nomme épistémologie » (G. Canguilhem, 2008, p. 175). Autrement dit, dans la recherche historique et technique, l'épistémologie n'est apte ni à intervenir dans le domaine de l'histoire ni à évaluer ses énoncés. Elle ne saisit que l'instant présent. Elle ne parvient pas à saisir le passé. En outre, ce qui est en jeu dans l'histoire des sciences et des techniques, ce sont les faits, notamment dans ce qu'ils ont de radicalement complexe. C'est aussi « l'environnement théorique ».

Au XXe siècle, des philosophes et historiens des sciences tels que Hanson et Kuhn, pour ne citer qu'eux, considèrent qu'il n'y a pas de faits bruts à proprement parler. Ce qui a valeur de fait en science est déterminé par la conception du monde (*weltanschauung*) associée à la théorie qui tente d'en rendre compte. Un fait n'est jamais « neutre », « indépendant ». Il en va ainsi d'une théorie considérée par l'épistémologie ou philosophie critique comme un fait, qu'il évalue à l'aune d'autres théories et à partir de la méthode comparative ou par le recours à l'expérience. Une telle évaluation ne tient pas compte de « la conception du monde ». Cette conception du monde est constituée d'une part, de l'ensemble des circonstances permettant l'éclosion de la théorie, et d'autre part, de la sociologie et de la psychologie du savant.

L'épistémologie ne peut pas édicter des normes qui soient valables partout et en tout temps. Si on devait considérer que l'adéquation empirique d'une théorie doit être évaluée en fonction des normes établies dans le cadre de la conception du monde qui la supporte, force est d'admettre que ces normes sont ou doivent être elles-mêmes issues de l'histoire des sciences. Il est évident qu'elles pourront varier selon les époques et selon les contextes disciplinaires (R. Nadeau, 1999, p. 412). C'est donc dire qu'en les déduisant de la pratique scientifique pure, celle des sciences empiriques, les normes établies par Popper ne peuvent s'appliquer *stricto sensu* au domaine de l'histoire des sciences et des techniques. Ce domaine est spécifique. Les faits qui y sont étudiés sont une sorte d' « englobant », comprenant la théorie (en dehors des phénomènes ou faits expérimentaux qu'elles décrivent et expliquent, les théories sont des faits à partir du moment où elles sont objet d'étude (épistémologie) suivant l'évolution de la connaissance, mais un fait scientifique historique est bien plus qu'une théorie), les points de vue des savants sur celle-ci et sur le phénomène qu'elle explique ou décrit, les discussions et changements de perspective qu'elle engendre.

3 - Spécificité de l'histoire des sciences et des techniques : les limites de la méthodologie poppérienne

Les premiers grands travaux scientifiques de Karl Raimund Popper datent de 1935 (il est né à Vienne en Autriche, en 1902, Karl R. Popper meurt à Londres, en Angleterre, en 1994), particulièrement dans le domaine de l'épistémologie et de la méthodologie (K.R. Popper, p. 1985). C'est aussi à travers ce prisme, épistémologico-méthodologique, qu'il regardera et examinera certains problèmes empreints d'historicité.

Dans cette perspective, on peut noter que les deux principaux problèmes qui furent à l'origine de sa réflexion critique sont, d'une part, « les péripéties de la violente lutte politique [lutte des classes] » intervenue à Vienne en 1919, avec pour finalité, d'après la théorie marxiste de l'histoire à laquelle il se réfère, de hâter la venue du socialisme scientifique. Outre la théorie marxiste de l'histoire, Popper cite également la psychanalyse freudienne et la psychologie individuelle d'Alfred Adler. Il souligne que s'agissant des trois théories, à savoir la théorie historique, la théorie psychanalytique et la théorie psychologique, « dès lors qu'on avait les yeux dessillés, partout l'on apercevait des confirmations : l'univers abondait en vérifications de la théorie. Quels que fussent les événements, toujours ils venaient confirmer celle-ci. » (K.R. Popper, 1985, p. 61). Et, d'autre part, presqu'au cours de la même année, le bouleversement provoqué dans le domaine de la physique par l'apparition d'une nouvelle théorie éminemment scientifique, la théorie révolutionnaire einsteinienne.

> La théorie einsteinienne de la gravitation, écrit Popper, avait en effet fait apparaître, à titre de conséquence, que les corps lourds (comme le Soleil) devaient exercer une attraction sur la lumière, exactement comme sur les autres corps physiques. On a donc pu calculer que le rayonnement émis par une étoile fixe éloignée, dont la position apparente est voisine du Soleil, devrait atteindre la Terre selon un angle tel que cette étoile paraîtrait s'être légèrement éloignée du soleil ou bien, en d'autres termes, que les étoiles voisines du Soleil sembleraient s'être un peu écartées de ce dernier et être un peu plus distantes les unes des autres. C'est là un phénomène qui ne se peut observer habituellement, puisque le jour, le Soleil, incomparablement plus brillant que ces étoiles fixes, les rend invisibles. Mais il est possible de photographier celles-ci lors d'une éclipse. Et en photographiant de nuit cette même constellation, on pourra mesurer les distances sur chacun des deux clichés et s'assurer de l'effet prédit par Einstein. Or ce qui est frappant, en l'occurrence, c'est le risque assumé par une prédiction de ce type. Si l'observation montre que l'effet prévu n'apparaît absolument pas, la théorie est tout simplement réfutée (K.R. Popper, 1985, p. 63).

Ces deux faits, dont on ne peut nier qu'ils soient historiquement situés, s'inscrivent d'après Popper dans une seule et même logique explicative, celle d'apporter des explications respectivement au sens de l'histoire et à la révolution accomplie par la théorie einsteinienne. Ces deux faits, que traduisaient également deux « grandes théories » prétendument scientifiques l'une comme l'autre, devraient se soumettre à l'observance stricte des règles méthodologiques (K.R. Popper, 1973, p. 80). En réalité, Popper se préoccupe peu de leurs influences socio-historiques quant à leur évaluation. Seule compte la logique de leurs énoncés, la cohérence et la conformité de leurs prédictions. Il se préoccupe moins, en outre, du rôle qu'ils ont pu jouer dans le progrès historique de l'humanité, en particulier concernant la théorie marxiste de l'histoire. Les poppériens reconnaîtront marginalement que ces deux faits ont pu faire progresser notre connaissance sur le monde, mais probablement pas sur notre conception relative à la division de la société en classes distinctes.

Rappelons à cet effet que cette réflexion poppérienne s'inscrit dans cette tendance générale du début du XXe siècle où savants et chercheurs de tous bords (sciences physiques et sciences humaines) s'engagèrent résolument dans la recherche et la découverte des méthodes permettant de tester la solidité et la fécondité de leurs résultats (Jeanne Hersch : 1993, 310). Quoi qu'il en soit, on ne peut véritablement affirmer que l'approche méthodologique poppérienne ait sincèrement contribué à comprendre de manière convaincante la connaissance historique, c'est-à-dire la nature des faits la constituant, et encore moins la manière dont s'opère le progrès dans ce domaine. Chez Popper, c'est le même critère méthodologique qui s'applique aussi bien en science physique, en psychanalyse, en psychologie qu'en histoire. Il reproche à toutes ces sciences, en dehors de la physique, de formuler des prédictions (voire des prophéties) suffisamment vagues au point que celles-ci s'accommodent de tous les faits et événements. C'est le cas de l'astrologie (K.R. Popper, 1985, p. 65).

On pourra objecter que Popper n'est pas historien et que son intention n'a jamais été de traiter des problèmes relevant profondément de l'histoire des sciences et des techniques en particulier. Pourtant, son critère de scientificité ne semble pas se limiter à la science empirique. Il sert à évaluer l'ensemble des domaines où se déploie le génie créateur de l'homme. En l'étendant à tous les domaines de la connaissance, Popper a oublié une chose : un domaine tel que l'histoire des sciences a ses exigences. Elle a sa spécificité. Elle obéit à d'autres contingences. L'histoire des sciences et des techniques admet qu'il y ait différentes interprétations pour un même fait, un même événement ou une même théorie. Elle admet des modifications au sein d'une théorie pour la sauver du rejet, et perpétuer l'histoire des sciences (J.A. Safou, 2013). Et ce serait une erreur de concevoir l'histoire des sciences comme une histoire des théories scientifiques uniquement, ou comme une histoire des opinions uniquement. Car, l'histoire des sciences est avant tout « l'histoire de l'activité scientifique déployée par des hommes de science et de leur conscience liée à cette activité ». Pour Suchodolski par exemple, l'histoire des sciences rend compte de l'activité scientifique de l'homme en considérant la science comme une liaison particulière du sujet avec l'objet. On pourrait dire que c'est une liaison où le sujet se transforme en objet tandis que l'objet se transforme en sujet. Cette dialectique du sujet et de l'objet montre bien à la fois la complexité des résultats soumis à évaluation et l'implication socio-psychologique du savant dans la production de la science. Cette conception impose une approche méthodologique différente, une manière particulière de considérer, de mesurer et d'évaluer le produit de l'activité humaine empreinte d'historicité.

> Dans le domaine de la connaissance de la réalité, écrira Suchodolski, cela signifie que l'activité cognitive transforme et la réalité et les hommes eux-mêmes ; cela signifie que la science est l'œuvre de l'esprit humain, mais l'esprit est – dans un certain sens – l'œuvre de la science. De ce point de vue, l'histoire de la science est l'histoire de l'activité cognitive et de la conscience des hommes. […] L'histoire de l'astronomie ce n'est pas seulement l'histoire de cette discipline, c'est aussi celle des hommes qui étudiaient les étoiles. Et l'histoire de la mathématique c'est non seulement l'histoire des théorèmes mathématiques, mais aussi celle du développement des normes mathématiques de la pensée, l'histoire de l'homme en tant qu'être « créant la mathématique (Suchodolski, 1966, p. 25).

Juger une production scientifique, l'examiner même avec des instruments scientifiques et méthodologiques, revient à la rattacher un tant soit peu aussi bien au sujet créateur (ou producteur de connaissances) qu'au contexte historique, socio-psychologique. Ce contexte peut être le cadre historique des anciens ou des modernes. Dans cet ordre d'idées, on observera que la considération de ce qu'on qualifie d'« anticipations », diffère tant de l'épistémologue que de l'historien des sciences. Pour le premier, les situations factuelles et théoriques actuelles qu'il se propose d'évaluer, au moyen de son critère de falsifiabilité, sont des anticipations pouvant être rejetées après la découverte de nouveaux faits empiriques ou de nouvelles théories. Le cas échéant, elles peuvent être corroborées. Pour le second, ces situations factuelles sont des anticipations pour des périodes qui ont précédé la pratique scientifique actuelle. C'est parce qu'elles peuvent encore nous inspirer qu'elles peuvent faire l'objet d'une évaluation à l'aune des faits nouveaux.

L'historien des sciences n'a cure des principes aussi généraux que prétendument efficaces. Sa méthode est par contre la suivante : avant toute évaluation ou tout jugement, découvrir les problèmes qui « déconcertaient » les savants avant qu'ils ne soient parvenus à la solution. Ensuite, chercher à connaître les questions premières, les principes préalables et ce qu'ils considéraient comme premières réponses et premières explications. Enfin, dans une étude ou une analyse d'un problème, tenir compte non seulement des travaux qui ont abouti, et qu'on a salués en leur temps et encore aujourd'hui, mais encore des théories et des expériences qui ont échoué. L'historien des sciences et des techniques tient compte des explications mort-nées (Crombi, 2004, p. 27). C'est une méthode particulière, adaptée à l'étude des faits, des événements et des théories. Elle constitue, d'une certaine manière, « la loupe » de l'historien des sciences.

Prétendre évaluer des faits et résoudre des problèmes uniquement du point de vue de la logique des énoncés, c'est refuser de lever un pan du voile recouvrant la vérité dans toute sa plénitude. Ce qui, de notre point de vue, peut être considéré comme un échec quant à la prétention consistant à évaluer l'ensemble du savoir à partir d'une méthodologie précise et d'un critère absolument précis.

Conclusion

La méthodologie poppérienne nourrit vraisemblablement de faux espoirs. Prétendre expliquer tous les domaines du savoir à l'aide d'un seul critère, le critère de falsifiabilité, est une imposture (Sokal et Bricmont, 1997). Si l'on considère que l'objet principal de l'étude méthodologique poppérienne est la théorie, celle-ci n'est pas une structure simple. Elle est très complexe. Et ce n'est pas parce qu'elle est une structure logico-linguistique dont on peut isoler les composantes pour en déterminer la vérité ou la fausseté, qu'elle se prête facilement à l'analyse. En tant que construction théorique de l'esprit humain, une théorie scientifique est établie à partir de certaines influences et considérations socio-psychologiques. C'est en ce sens qu'elle peut être considérée comme un fait historique, mais aussi parce qu'elle entre dans le domaine de la quotidienneté. De ce point de vue, les prétentions poppériennes de l'évaluer comme une simple théorie du moment, comme une pure théorie physique, se heurte à la vérité de l'histoire des sciences et des techniques. En outre, le soupçon d'irrationalité attaché aux théories historiques, socio-psychologiques, ne repose sur rien. Car, l'histoire des sciences et des techniques est aussi rationnelle que la philosophie des sciences et l'épistémologie.

Notre démarche visant à soumettre audacieusement l'histoire des sciences à l'évaluation critique de la méthodologie poppérienne répond à ce prétendu rôle que Popper assigne à son critère falsificationniste. Un rôle qui, de notre point de vue, est très limité, en ce sens que ledit critère montre clairement ses limites. Un critère dont les ambitions sont démesurées et ses résultats, insatisfaisants. Il y a là, une sorte de paradoxe. Dès lors, il nous semble judicieux de considérer la thèse d'un pluralisme méthodologique. Cette thèse mérite une attention particulière. Elle a probablement l'avantage de ramener à un niveau « raisonnable » les prétentions d'une épistémologie qui promeut un critère méthodologique supérieur, sinon unique, pouvant rendre compte de la quasi-totalité du savoir. Relativement à ce caractère intégral du critère poppérien, on a pu montrer que la méthodologie falsificationniste est en butte à l'évaluation de la connaissance scientifique historique. Car, nous venons de le souligner, de manière générale, les faits de connaissance sont toujours englués dans un océan de complexité. Les faits scientifiques quant à eux, mêlent des aspects internes et externes. Ils mêlent la psychologie, la sociologie et l'histoire. Ces aspects entrent dans l'élaboration des faits que nous qualifions de scientifique et d'historique. A l'inverse, ils doivent être pris en compte dans l'analyse et l'explication des faits.

Nous avons montré qu'une théorie est un fait, qu'elle ne peut être jugée du point de vue exclusif des normes logiques qu'impose la science du moment. Ainsi, le chercheur en méthodologie doit prendre en compte les normes du passé de la science. Or, lorsque Popper s'intéresse par exemple à l'adoption du principe de Pauli, il met de côté les circonstances et les discussions qui ont précédé l'adoption de ce principe (K.R. Popper, 1973, p. 80-81). Il étudie la structure de la science en occultant ce fait majeur. Il oublie le fait que la science a nécessairement besoin de l'histoire pour rappeler les faits, sinon la raison profonde de leur élaboration et les débuts de l'esprit scientifique. L'histoire des sciences permet la mise en relation des faits les uns avec les autres pour établir leur préséance.

> Au XIXe siècle, écrit Bachelard, tous les historiens de la chimie se sont plu à reconnaître la fureur expérimentale des alchimistes ; ils ont rendu hommage à quelques-unes de leurs découvertes positives ; enfin ils ont montré que la chimie moderne était sortie lentement du laboratoire des alchimistes. Mais, à lire les historiens, il semble que les faits se soient péniblement imposés malgré les idées, sans qu'on ne donne jamais une raison et une mesure de cette résistance. Les chimistes du XIXe siècle, animés par l'esprit positif, ont été entrainés à un jugement sur la valeur objective, jugement qui ne tienne aucun compte de la cohésion psychologique remarquable de la culture alchimiste (G. Bachelard, 1983, p. 46.).

Grâce à l'histoire des sciences, nous savons par exemple que la première tentative d'explication du mouvement des astres et de la Terre, appelé « révolution astronomique » date d'Aristarque de Samos au IIe siècle avant notre ère. Cette première explication, qui manquait de démonstrations mathématiques, plaçait déjà, avant Copernic, la Terre à la périphérie de tous les autres astres et planètes. Nous avons montré que l'histoire des sciences et des techniques est un domaine spécifique, qu'elle a une méthode spécifique. Elle ne peut donc pas être évaluée à l'aune de la méthodologie poppérienne. C'est un domaine qu'on ne peut codifier à la manière de tous les autres domaines de connaissance, à cause de l'esprit créateur à l'œuvre et de la liberté dont il jouit.

Indications bibliographiques

A. Ouvrages fondamentaux

BACHELARD Gaston, 1983, *La formation de l'esprit scientifique, Contribution à une psychanalyse de la connaissance objective*, Paris, Vrin.

BACHELARD Gaston, 1934, *Le nouvel esprit scientifique*, Paris, coll. « Quadrige », PUF.

BACHTA Abdelkader (dir.), 2010, *Epistémologie et philosophie des sciences*, Paris, L'Harmattan.

BRAUNSTEIN Jean-François, 2008, *L'histoire des sciences, Méthodes, Styles et Controverses*, Textes réunis, Paris, Vrin.

CANGUILHEM Georges, 1994, *Etudes d'histoire et de philosophie des sciences*, Paris, Vrin.

CANGUILHEM, 1966, *Idéologie et rationalité dans l'histoire des sciences de la vie*, Paris, Vrin.

De La COTARDIERE Pierre (dir.), 2004, *Histoire des Sciences. De l'Antiquité à nos Jours*, Paris, éd. Tallandier.

De La COTARDIERE Pierre & PENOT Jean-Pierre, 1999, *Dictionnaire de l'Astronomie et de l'Espace,* Paris, Larousse-Bordas/HER.

DUHEM Pierre, 1981, *La théorie Physique*, Paris, Vrin.

DUHEM Pierre, 1959, *Le Système du Monde, histoire des doctrines cosmologiques, de Platon à Copernic*, Paris, Hermann.

FEYERABEND Paul-Karl, 1979, *Contre la méthode*, Seuil.

HERSCH Jean, 1993, *L'étonnement philosophique, Un histoire de la philosophie*, Gallimard, « coll. Folio-essais ».

KOYRE Alexandre, 1973, *Du monde clos à l'univers infini*, Paris, Gallimard.
KOYRE Alexandre, 1973, *Etudes d'histoire de la pensée scientifique*, Paris, Gallimard.
KOYRE Alexandre, 1968, *Etudes newtoniennes*, Paris, Gallimard.
KOYRE Alexandre, 1966, *Etudes galiléennes*, Paris, Hermann.
KOYRE Alexandre, 1961, *La révolution astronomique, Copernic, Kepler, Borelli*, Paris, Hermann.
KUHN Thomas-Samuel, 1983, *La Structure des Révolutions Scientifiques*, Paris, Flammarion.
LAKATOS Imre, 1994, *Histoire et méthodologie des sciences*, Paris, PUF.
LAKATOS Imre et MUSGRAVE Alan, 1970, *Criticism and the growth of Knowledge*, Cambridge.
LAUDAN Larry, 1977, *La Dynamique de la science*, Bruxelles, éd. Mardaga.
LECOURT Dominique, 2001, *L'épistémologie historique de Gaston Bachelard,* Paris, Vrin.
LECOURT Dominique, 1981, *L'Ordre et les jeux, Le positivisme logique en question*, Paris, Grasset.
NADEAU Robert, 1999, *Vocabulaire technique et analytique de l'épistémologie*, Paris, PUF.
POPPER, Karl Raimund, 1988, *Misère de l'historicisme*, Paris, Agora.
POPPER, Karl Raimund, 1985, *Conjectures et réfutations. La croissance du savoir scientifique*, Paris, Payot.
POPPER, Karl Raimund, 1973, *La logique de la découverte scientifique*, Paris, Payot.
POPPER Karl Raimund, 1990, *La connaissance objective*, Paris, Aubier.
THUILLIER Pierre, 1988, *D'Archimède à Einstein, Les faces cachées de l'invention scientifique*, Paris, Fayard.

B. Articles

CROMBI, A.-C., « Problèmes, réponses, explications : dangers dans l'étude historique de leurs déplacements », in *Introduction à l'histoire des sciences, Textes choisis, Tome 2, Objet, Méthode, Exemples*, Paris, Classiques Hachette, 1966, pp. 56-60.
RADNITZKY Georges, « *Méthodologie poppérienne* », in *Archives de Philosophie*, Paris, 1979.

SAFOU Jean-Aimé, 2013, - « Théorie et fondements de la dynamique de la science », in *Palabres actuelles*, Revue de la Fondation Raponda-Walker, n°6, Libreville, éd. Raponda-Walker, p. 455-482.

SAFOU Jean-Aimé, 2010, « La critique poppérienne d'Angèle Kremer-Marietti », *in* Abdelkader BACHTA (dir.), *Epistémologie et philosophie des sciences*, Paris, L'Harmattan, p. 115-123.

SUCHODOLSKI Bertrand, 1966, « Méthodologie spécifique de l'histoire des sciences » in *Introduction à l'histoire des sciences, Textes choisis, Tome 2, Objet, Méthode, Exemples*, Paris, Classiques Hachette, pp. 20-25.

Les mathématiques et Popper

Edgar Mervin Martial MBA

Introduction

La philosophie des sciences poppérienne semble plus connue pour sa propension aux sciences de la nature et aux sciences humaines (G. Currie & A. Musgrave, 1985) et sociales (P. Winch, 1974). Popper a coutume en effet d'insister sur la nature méthodologique identique de ces deux familles de sciences :

> Ma conviction est que le raccommodage fragmentaire […] combiné avec l'analyse critique, est la voie principale pour aboutir à des résultats pratiques dans les sciences sociales aussi bien que dans les sciences naturelles. (K.R. Popper, 1988, p. 75, 77, 79, 164).

C'est là toute chose n'ayant pas manqué de laisser penser que les sciences formelles n'aiguisent pas l'appétit philosophique de Popper, quoi que l'invocation de la logique soit à fleur de peau de son expression philosophique, certes plus comme un *organon* de l'étude philosophique de la science, à travers des expressions comme « *la logique de la connaissance scientifique* » (K.R. Popper, 1973, p. 46) et « *la logique de la découverte scientifique* » (K.R. Popper, 1973, p. 57), que comme une science en tant qu'objet philosophique, à travers des expressions comme « *le réalisme logique* » (K.R. Popper, 1988, p. 449) et la « *philosophie de la logique* » (Hilary Putnam, 1996).

C'est par cette brèche que s'engouffre certains historiens de l'épistémologie pour reprocher à Popper précisément « *son silence étonnant dans son œuvre sur le rôle des mathématiques en physique* » (Roland Quillot, 1993, 52).

Pour autant, faudrait-il aller jusqu'à décréter « la pauvreté du poppérisme », pour reprendre l'expression de John Naydler (1982), quant à l'étude philosophique des mathématiques ?

Alain Boyer, un commentateur de l'œuvre philosophique de Popper, serait d'avis que non, car ayant lui-même commis justement une étude du rapport de Popper aux mathématiques (Alain Boyer, 1996).

Néanmoins, il admettrait que de telles études ne sont pas monnaie courante dans la bibliographie colossale sur Popper.

C'est en quoi, empruntant le sillon tracé par cet illustre commentateur de notre philosophe des sciences, nous essayerons de contribuer à la réduction dudit déficit, ce d'autant qu'il y a de la matière première non exploitée, ou à re-exploiter. Afin de matérialiser notre aspiration, nous nous emploierons à montrer que le rapport de Popper aux mathématiques renvoie à trois topiques :

Premièrement, Popper fait un usage méthodologique et épistémologique des mathématiques, parce qu'elles lui permettent, d'une part, de soutenir une méthode d'argumentation épistémologique, et, d'autre part, d'étudier la science.

Deuxièmement, les mathématiques ne sont plus seulement un élément de la méthode d'argumentation épistémologique et un outil proprement épistémologique, mais elles deviennent aussi objet d'étude, à travers la philosophie poppérienne des mathématiques, dans laquelle nous observons trois niveaux de problème : les problèmes épistémologiques, les problèmes ontologiques, les problèmes méthodologiques.

Troisièmement, dans le cadre de l'utilisation (ou de l'application) des mathématiques dans la théorie physique, Popper a développé une critique des théories arithmétiques et géométriques de la nature.

I - Usage méthodologique et épistémologique des mathématiques

L'usage que Popper fait des mathématiques est double : il en fait, d'une part, un élément de sa méthode d'argumentation épistémologique et, d'autre part, un instrument de l'analyse de la science.

1 - Usage méthodologique des mathématiques

Dans le cadre de l'argumentation en faveur du concept de « degré de falsifiabilité », Popper met à contribution une méthode particulière, celle d'associer à son approche logique une approche mathématique, à travers des notions telles que la « classe », la « classe vide », la « classe non-vide », la « classe finie », la « classe infinie », la « relation de classe à sous-classe », le « cardinal (ou la puissance) d'une classe », la « classe complémentaire non vide », la « dimension d'un ensemble ». Bref, il mobilise l'arithmétique, voire même la géométrie, à travers des notions telles que « aire circulaire », « rayon du cercle », « largeur », « cube », « points », « ligne droite ».

Le degré de falsifiabilité des théories est important quant à leur sélection. Or cela implique de comparer les divers degrés auxquels les théories peuvent être soumises à des tests, et ce en comparant « les classes de leurs falsificateurs virtuels ». C'est-à-dire la sous-classe des énoncés de base qui sont en contradiction avec les théories falsifiables. Rappelons, avec Popper, qu'une théorie est empirique ou falsifiable :

> si elle divise, de manière précise, la classe de tous les énoncés de base en deux sous-classes non vides : celle de tous les énoncés de base avec lesquels elle est en contradiction (ou qu'elle exclut ou défend) et que nous appelons la classe des falsificateurs virtuels de la théorie et celle des énoncés de base avec lesquels elle n'est pas en contradiction (ou qu'elle permet). (K.R. Popper, 1973, p. 84).

Nous pouvons poser ceci plus brièvement en disant qu'une « théorie est falsifiable si la classe de ses falsificateurs virtuels n'est pas vide » (K.R. Popper, 1973, p. 84). Nous voyons là émerger les notions de « classe », de « sous-classe », de « classe non-vide », et de « sous classe non-vide ». Mais quel est leur intérêt dans la méthode d'argumentation épistémologique poppérienne en faveur du concept de degré de falsifiabilité ?

Commençons par déterminer le sens logico-mathématique de ces notions. « Une classe est un groupe d'individus auxquels on reconnaît des caractères communs » (R. Nadeau, 1999, p. 61). Ramenons cette définition à l'usage poppérien de la notion de classe, à travers l'expression suivante : « la classe de tous les énoncés de base ». Les énoncés de base constituent une classe parce qu'ils ont des caractères communs. Ce sont des énoncés renvoyant aux événements se déroulant dans l'espace et le temps (K.R. Popper, 1973, p. 102). Ce sont des énoncés qu'on ne peut déduire d'un énoncé universel sans conditions initiales (K.R. Popper, 1973, p. 100). Ce sont des énoncés qui ont la forme d'énoncés existentiels singuliers (K.R. Popper, 1973, p. 101). Bien plus, les énoncés de base que Popper s'annexe comme de juste sont en fait une sous-classe de ce qu'il a appelé, en première approximation, les « énoncés singuliers non contradictoires ayant une forme logique déterminée » (K.R. Popper, 1973, p. 83). C'est-à-dire « tous les énoncés factuels singuliers concevables ».

Ce qui fait difficulté dans cette classe d'énoncés c'est qu'elle ne permet pas de qualifier une théorie d'empirique ou de falsifiable, parce qu'une théorie non empirique ou non falsifiable (par exemple une théorie tautologique) peut permettre de dériver de tels énoncés. C'est pourquoi Popper a dû choisir un certain type d'énoncés ou une « *classe particulière d'énoncés* » (K.R. Popper, 1973, p. 84), les énoncés de base. Il les mentionne en termes de « classe » parce que cette notion, comme nous l'avons vu, implique celle de « sous-classe ». La classe des énoncés de base comporte deux sous-classes : la sous-classe des énoncés de base interdits et la sous-classe des énoncés de base permis. Du coup, le concept poppérien de « *classe des falsificateurs virtuels* » s'en trouve explicité : cette classe est composée de deux sous-classes : la sous-classe des énoncés de base interdits et la sous-classe des « hypothèses falsifiantes » corroborées par ces énoncés de base interdits. Autrement dit, une théorie empirique ou falsifiable est en contradiction avec deux sous-classes de falsificateurs virtuels. Popper soutient à cet effet que : « si les énoncés de base acceptés sont en contradiction avec une théorie, nous ne considérons qu'ils suffisent à la falsifier que s'ils corroborent en même temps une hypothèse falsifiante » (Karl Raimund Popper : 1973, 86).

La notion de « sous-classe » aide Popper à clarifier la relation de la théorie avec divers types d'énoncés de base, d'une part, et la relation de ceux-ci entre eux, d'autre part. Mais quel est le sens logico-mathématique de cette notion ?

Dire que la classe δ est une sous-classe de la classe β, c'est dire que la classe δ étant incluse dans la classe β, la classe β n'est pas incluse dans la classe δ, ou encore que tout élément de δ étant élément de β, l'inverse n'est pas vrai. La classe δ se trouve ainsi incluse strictement dans la classe β (R. Nadeau, 1999, p. 657-658). On notera que la notion de « sous-classe », telle que définie ici, implique deux types de relation : l'inclusion des classes et l'inclusion stricte des classes.

Justement, Popper invoque deux sous-classes de la classe des énoncés de base : la sous-classe des énoncés de base contredisant une théorie empirique ou falsifiable et la sous-classe des énoncés de base que cette théorie tolère. Par où la question de savoir de quelle manière lesdites sous-classes sont incluses dans ladite classe.

La sous-classe des énoncés de base en contradiction avec une théorie empirique ou falsifiable est incluse strictement dans la classe des énoncés de base, car cette classe comprend une autre sous-classe, celle des énoncés de base compatibles avec cette théorie, qui est la négation de la première sous-classe, celle des énoncés de base en contradiction avec cette théorie. De son côté, la sous-classe des énoncés de base compatibles avec cette théorie est aussi incluse strictement dans la classe des énoncés de base, pour la même raison. C'est-à-dire que la classe des énoncés de base comprend une sous-classe, celle des énoncés de base en contradiction avec la théorie, qui est la négation de la sous-classe des énoncés de base compatibles avec la théorie. L'inclusion stricte de ces deux sous-classes, dans la classe des énoncés de base, est très parlante de la relation que la théorie empirique ou falsifiable en général entretient avec les énoncés de base. Popper dit à cet égard qu'une « théorie ne fait d'assertion qu'à propos de ses falsificateurs virtuels (elle affirme qu'ils sont faux). Des énoncés permis, elle ne dit rien. Et surtout pas qu'ils sont vrais » (K.R. Popper, 1973, p. 84).

Passons à présent à la signification logico-mathématique de la notion de « classe vide ». Une classe est dite vide (ou nulle), si elle ne contient aucun élément. Une classe vide correspond à l'intersection de deux classes disjointes (R. Nadeau, 1999, p. 62). Deux classes qui n'ont aucun élément commun sont appelées classes disjointes (R. Nadeau, 1999, p. 61).

Popper affirme qu'une théorie est falsifiable si la classe de ses falsificateurs virtuels n'est pas vide. Etant donné que la classe des falsificateurs virtuels se divise au moins en deux sous-classes (la sous-classe des énoncés de base contraires et la sous-classe des hypothèses falsifiantes), qui sont comme ses deux éléments, nous pouvons considérer qu'elle n'est pas vide. La définition de la classe vide s'appliquant par principe à la sous-classe vide, nous pouvons dire que les deux sous-classes en question (ou au moins l'une des deux) de la classe des falsificateurs virtuels ne sont pas (ou n'est pas) vides (ou vide). Popper soutient dans ce droit fil qu'une « théorie est falsifiable s'il existe au moins une classe non vide d'énoncés de base homotypiques qu'elle proscrit, c'est-à-dire si la classe de ses falsificateurs virtuels n'est pas vide » (K.R. Popper, 1973, p. 112). Nous pouvons reprendre cette thèse en d'autres mots en disant qu'une théorie est falsifiable s'il existe au moins une classe non vide d'énoncés de base homotypiques qu'elle proscrit, c'est-à-dire si les deux sous-classes de ses falsificateurs virtuels ne sont pas vides.

Notons au reste qu'il est important que la classe des énoncés de base, et non pas seulement la classe des falsificateurs virtuels, ne soit pas vide. Car, quel que soit son degré de falsifiabilité, une théorie se trouve toujours dans la situation suivante : sa classe des « énoncés de base permis » est plus petite que sa classe des « énoncés de base interdits ». Cependant, quelle que soit son étroitesse, ou quelle que soit l'étendue de la classe des énoncés de base interdits, la classe des énoncés de base permis n'est jamais nulle. C'est en quoi Popper imagine l'existence d'une théorie pour laquelle la classe des énoncés de base interdits s'élargit de plus en plus jusqu'à ce qu'il reste enfin un dernier secteur étroit représentant la classe des énoncés de base qu'elle n'interdit pas. A ce propos, il fait remarquer que « si la théorie est cohérente, il doit toujours rester un secteur de ce type » (K.R. Popper, 1973, p. 113). C'est dire que le falsificationnisme poppérien ne rase pas tout sur son passage, comme le rasoir d'Occam.

Pour comparer le degré de falsifiabilité des théories, Popper a aussi recours aux notions intuitives de grandeur telles que « plus » et « moins ». Et pour intégrer celles-ci à sa théorie épistémologique, il les met en relation avec des notions géométriques, comme « aire circulaire », « rayon du cercle », etc. Il s'agit précisément, pour lui, de tenter la représentation géométrique de la « classe de tous les énoncés de base possibles » et les « événements possibles ». Ce qu'il exprime de la manière suivante :

> Si […] nous représentons la classe de tous les énoncés de base possibles par une aire circulaire et les événements possibles par les rayons du cercle, nous pouvons dire qu'il faut qu'un rayon au moins – ou mieux peut-être, un secteur étroit dont la largeur peut représenter le fait que l'événement doit être observable – soit incompatible avec la théorie et proscrit par elle. L'on pourrait dès lors représenter les falsificateurs virtuels de la théorie par des secteurs de diverses largeurs. Et, selon la plus ou moins grande largeur des secteurs qu'elles excluraient, l'on pourrait alors dire que les théories ont plus ou moins de falsificateurs virtuels. L'on pourrait dire, en outre, que si la classe des falsificateurs virtuels d'une théorie est plus grande que celle d'une autre, la première théorie aura plus d'occasions d'être réfutée par l'expérience ; si on la compare de cette manière à la seconde théorie, l'on pourra dire que la première est falsifiable à un degré plus élevé. (K.R. Popper, 1973, p. 113).

Il ressort de là que la comparaison des falsificateurs virtuels des théories est l'élément essentiel de la question des degrés de falsifiabilité des théories. Il reste qu'une telle comparaison se heurte à deux difficultés non négligeables.

La première difficulté est que la relation de classe à sous-classe ploie sous une condition, notamment celle de ne pouvoir servir à comparer deux classes que si l'une inclut l'autre. Or, si deux classes de falsificateurs virtuels sont en intersection sans que l'une soit incluse par l'autre (ou si elles n'ont pas d'éléments en commun, comme dans le cas des classes disjointes), les degrés de falsifiabilité des théories correspondantes ne peuvent être comparés à l'aide de la relation de classe à sous-classe. C'est pour contourner ce promontoire que Popper a avancé les trois thèses suivantes :

> (1) On dit qu'un énoncé x est falsifiable à un plus haut degré ou qu'il est susceptible d'être soumis à de meilleurs tests qu'un énoncé y si et seulement si la classe des falsificateurs virtuels de x inclut celle des falsificateurs virtuels de y comme l'une de ses sous-classes (K.R. Popper, 1973, p. 116).
>
> (2) Si les classes de falsificateurs virtuels des deux énoncés x et y sont identiques, les deux énoncés ont le même degré de falsifiabilité (Karl Raimund Popper : 1973, 116).
>
> (3) Si aucune des deux classes de falsificateurs virtuels de deux énoncés n'inclut l'autre comme l'une de ses sous-classes, les deux énoncés ne peuvent être comparés quant à leur degré de falsifiabilité (K.R. Popper, 1973, p. 116).

Des thèses (1) et (2), Popper tire d'autres thèses. L'intérêt d'évoquer ici ces thèses (bien connues) est que celles-ci sont fondues dans un moule de notions logico-mathématiques, comme par exemple la notion de « classe complémentaire non vide ». En l'espèce, suivant la thèse (1), Popper dit qu'« il y aura toujours une classe complémentaire non vide ». Et il en tire une conséquence pour les énoncés universels, comme l'indique le passage ci-dessous :

> […] dans le cas des énoncés universels, cette classe complémentaire sera infinie. Il n'est donc pas possible que deux théories universelles (au sens strict) diffèrent en ce que l'une d'elles interdit un nombre fini d'occurrences permises par l'autre. (K.R. Popper, 1973, p. 116).

Ce passage invoque le caractère infini de la classe complémentaire. Il introduit alors la notion de classe infinie. Or du point de vue de sa définition logico-mathématique, une classe infinie n'inclut pas de classe vide. Pour le dire autrement, une classe *C* est infinie s'il n'existe pas un nombre entier non négatif *n* tel que *C* contient exactement *n* éléments (R. Nadeau, 1999, p. 62). De là nous comprenons que la classe complémentaire bouche le vide possible entre deux théories universelles. C'est donc dire que la classe complémentaire est une classe intermédiaire (dont les éléments sont indénombrables) qui lie deux classes non disjointes. C'est là ce que corrobore la définition logico-mathématique de la notion de « classe complémentaire », à savoir que le complément de la classe β relativement à la classe δ est la classe constituée par les éléments de δ qui n'appartiennent pas à β (R. Nadeau, 1999, p. 61). Il faut bien voir que, en l'état, la classe complémentaire implique plusieurs possibilités relativement à la relation de classe à classe entre deux théories universelles : soit une union des classes, soit une intersection des classes, soit encore une égalité des classes.

Suivant maintenant la thèse (2), Popper postule l'identité de deux théories universelles, dans la mesure où elles ont en fait la même classe infinie d'occurrences interdites, et la même classe infinie d'occurrences permises. Ainsi, la classe d'occurrences susceptibles de différencier deux théories universelles est une classe vide. D'où suit que deux théories universelles sont comme deux classes égales. La définition logico-mathématique de l'égalité des classes dit en effet ceci : la classe δ est égale à la classe β signifie que quel que soit *x*, *x* élément de δ est identique à *x* élément de β (R. Nadeau, 1999, p. 61).

La seconde difficulté de cette situation est rendue par Popper de la manière qui suit : « les classes de falsificateurs virtuels sont des classes infinies. Or, les notions intuitives de plus et de moins que l'on peut appliquer sans précautions particulières à des classes finies ne peuvent être appliquées de la même façon à des classes infinies » (K.R. Popper, 1973, p. 114). Une tentative de résolution de celle-ci consiste à remplacer les classes d'énoncés de base, ou « classes d'occurrences », par des « classes d'événements interdits », en vue de constater lesquelles d'entre elles contiennent le « plus » ou le « moins » d'événements interdits.

Toutefois, cela n'aide pas à tourner la difficulté, étant entendu que le nombre d'événements interdits par une théorie est lui aussi infini, ce d'autant aussi que la conjonction d'un événement interdit et de tout autre événement (interdit ou non) constitue à son tour un événement interdit. Le noyau dur de cet écueil est donc bien le caractère infini des classes. La définition logico-mathématique de la notion de « classe infinie » dit qu'une classe est infinie si elle n'inclut pas une classe vide. Et une classe est finie si elle inclut une classe vide. En effet, la classe *C* est finie s'il existe un nombre entier non négatif *n* tel que *C* contient exactement *n* éléments (R. Nadeau, 1999, p. 62).

Une autre tentative de résolution consiste à convoquer le concept de cardinalité (ou de puissance) d'une classe. Le cardinal d'une classe est la somme des éléments qui constituent cette classe (R. Nadeau, 1999, p. 42). Malheureusement, les classes de falsificateurs virtuels ont le même nombre cardinal pour toutes les théories, et ce en vertu de la preuve apportée par Alfred Tarski consistant à dire qu'« à certaines conditions, toute classe d'énoncés est dénombrable » (K.R. Popper, 1973, p. 114, note 1).

Une autre tentative encore de résolution se plaît à utiliser le concept de dimension en usage dans la théorie des ensembles. Ce concept permet de différencier des ensembles (ou classes) de points selon l'abondance des « relations de voisinage » de leurs éléments. Ici, la « plus grande dimension » implique le « plus grand nombre de relations de voisinage », inversement. Il en résulte une diversité de dimensions. De là découle la notion de « classes de dimension ».

Popper estime que le concept de dimension permet de résoudre le problème de la comparaison des degrés de falsifiabilité des théories, parce qu'il est en rapport au « degré de composition » (les conjonctions d'énoncés de base avec d'autres énoncés de base donnent à leur tour des énoncés de base, avec comme différence que ces derniers ont un « degré de composition supérieur » à celui de leurs composants) des énoncés de base. Précisons que la composition concerne uniquement les événements que la théorie tolère. Cette tolérance s'explique par le fait que le degré de composition de ces événements est « trop bas » pour qu'ils puissent contredire la théorie. C'est là donc un critère de comparaison des dimensions des théories. Nous pouvons en dériver la thèse suivante : plus grande est la dimension d'une théorie, moins grand est son degré de falsifiabilité ; et, plus grand est le degré de falsifiabilité d'une théorie, moins grande est sa dimension. Et pour cause, les énoncés en contradiction avec la théorie ne jouent pas de rôle déterminant dans sa dimension. Popper stipule dans ce sens que : « ce n'est pas la composition des événements interdits mais celle des événements permis qui devra être utilisée. Les événements interdits par une théorie peuvent en effet atteindre n'importe quel degré de composition ». (K.R. Popper, 1973, p. 115).

Nous retenons de cette section qu'une méthode d'argumentation fondée sur la seule logique n'est pas suffisante pour la compréhension de la cohérence et de la force des arguments émis par Popper en faveur de l'intérêt épistémologique du concept de degré de falsifiabilité. C'est en quoi il a beau jeu d'y insérer des notions mathématiques.

Nous constatons néanmoins que l'usage méthodologique des mathématiques, par Popper, ne vaut pas que pour la question des degrés de falsifiabilité des théories. Popper adopte en effet la même approche quant à d'autres questions, comme par exemple celle du concept de « simplicité », où surgissent des notions mathématiques telles que la « configuration géométrique d'une courbe logarithmique », la « fonction logarithmique », la « fonction-sinus », les « transformations de systèmes de coordonnées », les « groupes de déplacements » (K.R. Popper, 1973, p. 143). Nous allons à présent voir que Popper fait aussi un usage proprement épistémologique des mathématiques.

2 - Usage épistémologique des mathématiques

La critique poppérienne de l'application de la théorie des probabilités, comme méthode servant à calculer les prédictions dans la science empirique, est un bon exemple de l'utilisation épistémologique des mathématiques par Popper. Rappelons que cette critique s'inscrit dans le cadre du « problème fondamental de la théorie du hasard ou des phénomènes aléatoires » (K.R. Popper, 1973, p. 150-151). Popper divise ce problème en deux sous-problèmes : un « problème mathématique » et un « problème épistémologique » (K.R. Popper, 1973, p. 155). C'est ce dernier problème qui nous accapare pour le moment. Nous voulons précisément montrer que Popper tente de le résoudre à l'aide, entre autres, d'outils mathématiques spécifiques.

Le problème épistémologique de la théorie des probabilités (la théorie fréquentielle de Richard Von Mises) consiste dans la combinaison des axiomes de convergence et de hasard. Avant d'expliciter ce problème, disons en quel sens entendre ces deux axiomes, pour une compréhension claire dudit problème épistémologique.

L'axiome de convergence postule qu'au fur et à mesure que s'allonge la suite des événements, la suite des fréquences relatives tend vers une limite définie. Cet axiome permet de garantir l'utilisation d'une valeur de fréquence fixe (par contraste aux fréquences réelles dont les valeurs sont fluctuantes, comme dans le cas de la probabilité objective).

L'axiome de hasard, quant à lui, est un principe d'exclusion du système de jeu. Il implique une exigence forte visant à donner une expression mathématique au caractère aléatoire de la suite des événements. Il postule en effet qu'aucun système de jeu ne peut être appliqué avec succès à un « collectif » (R. Von Mises, 1964). Dans la théorie fréquentielle des probabilités de Von Mises, le terme « collectif » correspond à une suite infinie d'événements dans lesquels les caractéristiques à observer se manifestent au hasard (R. Von Mises, 1961).

La combinaison des axiomes de convergence et de hasard génère une difficulté car il est inadmissible d'appliquer le concept mathématique de « limite », ou de « convergence », à une suite qui, par définition (c'est-à-dire à cause de l'axiome de hasard), ne doit être soumise à aucune règle ou loi mathématique. De là, l'éruption de la remarque de Popper dans le passage ci-dessous :

> [...] la limite mathématique n'est en effet rien d'autre qu'une propriété caractéristique de la règle ou loi mathématique qui définit la suite. C'est tout simplement une propriété de cette règle ou de cette loi que, pour toute fraction choisie aussi proche que l'on veut de zéro, il y ait un élément dans la suite tel que tous les éléments qui le suivent s'écartent d'une quantité inférieure à cette fraction d'une certaine valeur déterminée, qu'on appelle alors limite. (K.R. Popper, 1973, p. 154).

Afin d'aplanir ce monticule inhérent à la théorie de la probabilité, des solutions ont été essayées : on a proposé de renoncer à l'association de l'axiome de convergence à celui de hasard, et de ne retenir que la convergence, c'est-à-dire l'existence d'une limite.

Relativement à l'axiome de hasard, Kamke a suggéré de l'abandonner complètement, et Reichenbach de le remplacer par une exigence plus faible. Ces tentatives de solutions laissent penser que c'est l'axiome de hasard qui est en cause.

Il en va tout autrement avec Popper qui, en vue de dirimer le conflit, a proposé quelque de chose de tout différent : la condamnation de l'axiome de convergence autant que celui de hasard. Selon lui, l'axiome de convergence pose un problème épistémologique, celui de hasard un problème mathématique. La solution qu'il préconise alors est, d'une part, d'éliminer complètement l'axiome de convergence et, d'autre part, d'améliorer l'axiome de hasard (par une exigence qui exige plus faiblement).

Comme nous l'avons indiqué plus haut, c'est d'abord la tentative de résolution poppérienne du problème épistémologique qui nous importe. Mais cela ne veut pas dire que celle-ci n'a pas de rapport avec la tentative de résolution poppérienne du problème mathématique. En effet, Popper déclare que : « après avoir déduit et critiqué le théorème de Bernoulli [dans le cadre de la résolution du problème mathématique], j'envisagerai la manière dont pourrait être éliminé l'axiome de convergence et le type de système axiomatique qui résulterait de cette élimination [dans le cadre de la résolution du problème épistémologique] » (K.R. Popper, 1973, p. 155). Cela veut donc dire que la résolution du problème mathématique sert la résolution du problème épistémologique, *vice versa.* Pour le dire autrement, il existerait un lien entre le théorème de Bernoulli et le problème de la convergence.

Le théorème de Bernoulli consiste à supposer d'abord une séquence de n essais (ou n coups) ; à chaque essai, un certain résultat A est possible, et la probabilité d'obtenir A est chaque fois la même, soit p. Le théorème établit simplement que la probabilité d'avoir dans la séquence une proportion de A se situant entre $p \pm h$ (h étant une petite fraction quelconque) se rapproche de 1 à mesure que n s'approche de l'infini. En d'autres termes, selon ce théorème, les plus petits segments de « suites aléatoires » présentent souvent de grandes variations, alors que les grands segments se comportent d'une manière qui suggère la constance ou la convergence. En résumé, ce théorème établit que nous trouvons désordre et hasard dans le petit nombre, et constance ou convergence dans le grand nombre (d'où l'expression « loi des grands nombres »).

Pour éliminer complètement l'axiome de convergence, Popper entend procéder par déduction. Cette déduction a une connotation à la fois logique et mathématique. Logique parce que réussir à déduire le théorème de Bernoulli sans présupposer un axiome de convergence, c'est ramener le problème épistémologique (de la loi des grands nombres) à un problème d'indépendance axiomatique, et donc à une question purement logique ((K.R. Popper, 1973, p. 186). Mathématique parce que même si la restriction à des « suites convergentes » se révélait nécessaire, il ne pourrait certes pas être incorrect d'utiliser des « suites mathématiques convergentes » pour calculer le comportement approché des « séquences empiriques » présentant une « stabilité statistique » ((K.R. Popper, 1973, p. 186).

C'est la connotation mathématique qui, bien entendu, attise notre intérêt. Popper procède par substitution de concepts : il remplace le concept de « limites de fréquence » par celui de « point d'accumulation de la suite de fréquences relatives ». La raison de ce remplacement est que le concept de « limites de fréquence » sous-entend l'axiome de convergence dont Popper veut justement se débarrasser. Or le concept de point d'accumulation de la suite de fréquences relatives, tout en assurant la même fonction que celui de limite de fréquences, n'implique pas l'axiome de convergence. Cette situation est confortée par la définition du point d'accumulation donnée par Popper : « on dit qu'une valeur a est un point d'accumulation d'une suite si après n'importe quel élément donné il y a des éléments s'écartant de a d'une quantité moindre qu'une quantité donnée, aussi petite soit-elle » (K.R. Popper, 1973, p. 187).

Si cette définition est soutenue par un théorème de Bolzano et Weierstrass (de même que par le théorème de Bernoulli, et par le concept de *n*-liberté), Popper ne se contente pas de ce concept tel quel. Il en dérive une « alternative α ». L'intérêt de cette formulation du concept poppérien de fréquence, c'est qu'elle favorise le passage de l'expression « *p* est la limite de fréquence de α » à celle-ci : « *p* est une fréquence moyenne de α ». La première expression inclut l'axiome de convergence, tandis que la seconde l'exclut.

Il y a toutefois que le concept de « fréquence moyenne » est pris en défaut : les fréquences moyennes ne sont pas uniques. Il se peut en effet qu'une fréquence moyenne ait une valeur autre que *p*. Par exemple, si nous restreignons la valeur des fréquences moyennes à *p*, nous introduisons, par implication, l'axiome de convergence. A contrario, si nous ne le faisons pas, nous obtenons un concept de probabilité « ambigu ». C'est-à-dire que pour une seule et même propriété, il peut y avoir plusieurs probabilités, dans une seule et même suite de référence. Aussi, faudrait-il, pour parer à cette ambiguïté conceptuelle, définir un concept univoque de probabilité. A cela, Popper préconise à bon droit une nouvelle définition des « suites quasi aléatoires » et de la « probabilité objective », comme le livre l'extrait ci-dessous :

> Soit α une alternative (avec une ou plusieurs fréquences moyennes). Supposons que les 1 de cette alternative aient une et seulement une fréquence moyenne p, absolument indépendante ;

> nous disons alors qu'α est quasi aléatoire ou au hasard et que p est la probabilité objective des 1 dans α. (K.R. Popper, 1973, p. 188).

Popper juge utile de subdiviser cette définition en deux conditions axiomatiques : la condition de hasard et la condition d'unicité. La première condition stipule ceci : pour qu'une alternative soit quasi aléatoire, il doit y avoir au moins une fréquence moyenne absolument indépendante, à savoir sa probabilité objective *p*. La seconde condition dit ceci : pour une seule et même propriété d'une seule et même alternative quasi aléatoire, il ne doit y avoir qu'une et une seule probabilité *p*.

Le résultat obtenu semble prometteur, car il est désormais possible de construire des suites n'ayant qu'une et une seule probabilité, et qui n'ont cependant pas de limite de fréquences. A ce compte, les nouvelles exigences axiomatiques s'avèrent « plus larges », ou « moins exigeantes », que les anciennes. Mais, à notre avis, pour cohérente que soit la solution de Popper, il a recours, croyons-nous, à une forme d'axiome de convergence, à travers notamment la condition d'unicité. Celle-ci dit en effet que : « pour une seule et même propriété d'une seule et même alternative quasi aléatoire, il n'existe pas d'autre fréquence moyenne que sa probabilité p » (K.R. Popper, 1973, p. 189).

A la décharge de Popper, il convient de noter qu'à la différence de l'axiome de convergence de Von Mises, son axiome, associé à la condition de hasard, rendrait possible la déduction du théorème de Bernoulli et avec lui tous les théorèmes du calcul classique des probabilités.

Au bout du compte, l'usage épistémologique des mathématiques, par Popper, est doublement mathématique : d'abord au niveau des outils mathématiques (théorèmes, concepts, notions), et ensuite au niveau de la démarche (définition, axiome, théorème, corollaire, problème). Malgré tout, nous pensons que le rapport des mathématiques et Popper ne se limite pas à l'usage méthodologique et épistémologique. Il existe en effet toute une philosophie poppérienne des mathématiques, qui se présente sous la forme d'un puzzle se dérobant chaque fois au regard peu averti.

II - Philosophie poppérienne des mathématiques

Rappelons que le problème fondamental de la théorie du hasard ou des phénomènes aléatoires a été divisé, par Popper, en deux problèmes : le « problème épistémologique » (lié à l'axiome de convergence), que nous venons d'examiner, et le « problème mathématique » (lié à l'axiome de hasard), qui conduit à l'épistémologie poppérienne des mathématiques.

Notons ensuite que toute épistémologie des mathématiques présupposant toujours la philosophie des mathématiques, l'épistémologie poppérienne des mathématiques est appréhendable à l'aune de la philosophie poppérienne des mathématiques. Avant d'y venir, fixons le sens de l'expression « philosophie des mathématiques ».

La philosophie des mathématiques de manière générale se signale par trois aspects récurrents : un aspect où l'on réfléchit sur les théories, concepts, inférences, résultats mathématiques ; un autre où l'on postule l'existence ou non d'objets mathématiques, selon trois points de vue classiques : le platonisme ou le réalisme (Cantor, Frege, etc.), le formalisme (Hilbert, Bourbaki, etc.), l'intuitionnisme ou le constructivisme (Poincaré, Brouwer, etc.) ; et un autre encore où l'on analyse les méthodes. Le premier aspect est épistémologique, le second est ontologique, le troisième est méthodologique.

La philosophie poppérienne des mathématiques ne déroge pas à cette configuration ternaire, car elle se caractérise par une épistémologie des mathématiques, une ontologie des mathématiques, et une méthodologie des mathématiques.

1 - Epistémologie poppérienne des mathématiques

L'épistémologie poppérienne des mathématiques est une critique de la théorie mathématique. Comme exemple, il y a la critique poppérienne de la théorie mathématique des probabilités (K.R. Popper, 1973, p. 155, 171-178), ou la critique poppérienne de la théorie des algèbres de Heyting et de Brouwer (A. Boyer, 1994, p. 165), ou encore la critique poppérienne de la théorie mathématique de Kant (K.R. Popper, 1988, p. 213-214).

Etant entendu que la critique d'une théorie donnée ne va pas souvent sans la critique de ses éléments constitutifs, la critique poppérienne de la théorie mathématique s'étend, elle aussi, à la critique des éléments de cette théorie, à savoir les axiomes, théorèmes et concepts mathématiques.

L'épistémologie poppérienne des mathématiques est en effet une critique des axiomes mathématiques. Comme illustration, nous avons la critique poppérienne des axiomes de hasard et de convergence de la théorie fréquentielle des probabilités proposée par Von Mises (K.R. Popper, 1973, p. 155), que nous avons déjà analysée. Nous pouvons aussi en référer à la critique poppérienne de la conception intuitionniste kantienne des axiomes mathématiques (K.R. Popper, 1988, p. 213-214).

L'épistémologie poppérienne des mathématiques est également une critique des théorèmes mathématiques. En l'espèce, mentionnons la critique poppérienne du théorème de Bernoulli (K.R. Popper, 1973, p. 175-190 ; K.R. Popper, 1990, p. 295-337), ou la critique poppérienne du théorème de Fermat (K.R. Popper, 1988, p. 187).

L'épistémologie poppérienne des mathématiques est enfin une critique des concepts mathématiques. Considérons, en guise d'exemple, la critique poppérienne du concept de « limite de fréquences relatives » (K.R. Popper, 1973, p. 167), ou la critique poppérienne du concept d'intuition mathématique (K.R. Popper, 1988, p. 217-222).

Il s'ensuit que l'épistémologie poppérienne des mathématiques, contrairement à une certaine opinion, existe bel et bien, et de façon dense. Cette densité est liée au fait que la philosophie poppérienne des mathématiques est à prendre au plein sens de l'expression « philosophie des mathématiques », car elle compte un aspect épistémologique, un aspect ontologique, un aspect méthodologique.

Nous allons d'abord traiter de l'aspect ontologique. A cet égard, ayons à l'esprit que la philosophie poppérienne des sciences arbore une théorie ontologique (la « théorie des trois mondes »), et particulièrement une thèse ontologique (la « thèse du monde 3 ») qui fonde l'existence de la connaissance objective, connaissance dont fait partie en principe la connaissance mathématique, si l'on conçoit celle-ci comme indépendante du mathématicien. Le développement poppérien d'une ontologie mathématique ne saurait alors paraître comme un fait philosophique inattendu, car c'est une conséquence logique de l'ossature de sa philosophie des sciences.

2 - Ontologie poppérienne des mathématiques

L'ontologie mathématique consiste pour l'essentiel à se poser la question de l'existence (qui implique celle de la nature) des objets mathématiques. A propos, nous avons mis exergue plus haut qu'il y a trois façons classiques de répondre à cette question.

Selon le platonisme, les objets mathématiques existent indépendamment de la prise de conscience que nous pouvons en avoir. La raison de cette existence autonome se trouve dans les propriétés intrinsèques des objets mathématiques. Par exemple, si nous admettons l'existence des nombres entiers naturels suivants 1, 2, 3, 4, les nombres suivants existent aussi, et la suite n'a pas de fin. Il s'agit de l'infini actuel (J.-C. Baudet, 2005, p. 116). Le platonisme mathématique est donc une forme de réalisme, mieux c'est un réalisme métaphysique.

A cause des problèmes que posent certaines propriétés des objets mathématiques, comme l'infini actuel (qu'on préfère à l'infini virtuel), le formalisme s'est développé. Celui-ci pose que l'existence des objets mathématiques dépend de la forme que l'on utilise pour les manipuler. Par exemple, Hilbert a reconstruit la géométrie classique en employant une série d'axiomes sans aucune référence au monde empirique des lignes, des points, etc.

Cependant, certains estiment que le développement des mathématiques a pour origine le monde empirique (Kline, Putnam). Du coup, toute rupture d'avec ce socle sensible est inadmissible. Cette forme de réalisme empirique est plus connue sous l'appellation d'intuitionnisme ou de constructivisme, voire de conventionnalisme. Et cette doctrine est bien résumée par Poincaré de la façon qui suit :

> Si toutes les propositions (que la science mathématique) énonce peuvent se tirer les unes des autres par les règles de la logique formelle, comment la mathématique ne se réduit-elle pas à une immense tautologie ? Le syllogisme ne peut rien nous apprendre d'essentiellement nouveau et, si tout devait sortir du principe d'identité, tout devrait aussi pouvoir s'y ramener. Admettra-t-on que les énoncés de tous ces théorèmes qui remplissent tant de volumes ne soient que des manières détournées de dire que A est A. (H. Poincaré, 1970, p. 31).

Tout compte fait, ce qui doit à présent nous préoccuper, c'est à l'évidence de savoir à quelle école s'inscrit l'ontologie mathématique de Popper. Est-ce une ontologie platoniste ? Est-ce une ontologie formaliste ? Est-ce une ontologie intuitionniste (ou constructiviste, ou encore conventionnaliste) ?

Popper prend position en s'appuyant sur les travaux de Gödel : la démonstration de la complétude du calcul logique des fonctions est favorable au formalisme (K.R. Popper, 2000, p. 107). La démonstration de l'incomplétude des *Principia Mathematica* et de la théorie des nombres ruine à la fois le platonisme, le formalisme et l'intuitionnisme (K.R. Popper, 2000, p. 107). Plus exactement, Popper estime qu'on doit renoncer à la thèse de Russell selon laquelle les mathématiques sont réductibles à la logique (logicisme ou logicisation des mathématiques). En l'espèce, les mathématiques ne sont pas complètement réductibles à la logique. Au contraire, elles permettent de corriger de manière critique « l'intuition logique » dont la portée est en réalité limitée. En outre, grâce à elles, l'intuition se révèle capitale et susceptible de développements. Au regard de quoi Popper livre la formule suivante : « La plupart des idées novatrices sont le fruit de l'intuition, quant aux autres, elles sont le résultat de la réfutation critique d'idées surgies de l'intuition » (K.R. Popper, 2000, p. 107). Popper en vient ainsi à soutenir, à l'instar de Gödel, un intuitionnisme fondé sur la vérification par la « méthode rationnelle », ou la méthode « critico-discursive » (K.R. Popper, 2000, p. 110). C'est-à-dire que « l'intuition mathématique » ou « l'imagination mathématique » ne doit pas être revendiqué comme autorité. La contribution de Popper vient de ce que son ontologie, notamment sa thèse du monde 3, réconcilie pour ainsi dire le constructivisme et le platonisme. L'extrait de texte suivant en constitue une édification :

> [...] la série infinie des nombres naturels [...] est invention langagière ; convention que nous avons fixée ; construction qui est la nôtre. Mais non pas les nombres premiers et leurs problèmes ; ceux-là, nous les découvrons dans un monde objectif qu'assurément nous avons inventé ou créé, mais qui, comme toutes les inventions, s'objective, se détache de ses créateurs et s'émancipe de leur volonté : il devient autonome, idée pure, il devient platonicien (K.R. Popper, 2000, p. 60).

Une autre voie possible de réponse, c'est de prendre en compte particulièrement la critique poppérienne de l'ontologie mathématique de Brouwer, dans laquelle nous entrevoyons de manière interstitielle les traits du visage de l'ontologie mathématique de Popper.

L'ontologie mathématique de Brouwer tient dans l'idée que les mathématiques elles-mêmes sont essentiellement une activité de construction mentale sur la base de notre intuition pure du temps. Grâce à cette construction, nous créons dans notre intuition, dans notre esprit, les objets mathématiques. Il en découle un mentalisme (localisation des objets mathématiques dans l'esprit humain) et un constructivisme (les objets mathématiques sont des constructions de constructions de l'esprit humain). L'ontologie mathématique de Brouwer n'est donc pas platoniste, même si elle admet que les objets mathématiques existent avant que nous les saisissions par la réflexion et en parlions dans le langage. Brouwer distingue entre le niveau intuitif et mental, essentiel à l'activité mathématique, et le niveau discursif et linguistique, qui n'est essentiel que pour la communication. Il s'ensuit que l'ontologie mathématique de Brouwer n'est pas non plus formaliste.

Sur ce point, Popper confie ceci : « Brouwer avait raison de réagir avec vigueur contre la thèse selon laquelle les mathématiques ne sont rien qu'un jeu de langage formel ou, en d'autres mots, qu'il n'existe rien de tel que des objets mathématiques extra-linguistiques » (K.R. Popper, 1998, p. 221). Mais il ne faudrait pas penser que Brouwer dénie toute utilité au langage mathématique, et ce, relativement à l'existence des objets mathématiques. Popper ajoute en effet que : « Les objets mathématiques doivent pour partie leur existence au langage, Brouwer lui-même s'en est parfois aperçu. Ainsi écrivait-il en 1924 : les mathématiques reposent sur une suite illimitée de signes ou symboles ou des suites finies de symboles (K.R. Popper, 1998, p. 222).

L'ontologie mathématique de Popper rencontre l'ontologie mathématique de Brouwer sur deux points : le constructivisme et le subjectivisme (le subjectivisme de Brouwer est essentiellement un mentalisme).

Concernant le constructivisme, Popper accepte que la naissance des objets mathématiques ne soit pas une découverte de ceux-ci, comme s'ils existaient tout achevés. La naissance des objets mathématiques est propre à l'activité de construction réalisée par le sujet humain (K.R. Popper, 1998, p. 222).

Concernant le subjectivisme, Popper reconnaît que les objets mathématiques tirent leur origine de l'activité humaine (K.R. Popper, 1988, p. 222), mais l'ontologie mathématique de Popper se démarque par l'idée que la construction n'est pas uniquement intuitive, car elle engage aussi bien la dimension intuitive que discursive. Popper fait en cela état de « l'inévitable interaction entre construction intuitive et formulation linguistique qui nous entraîne nécessairement dans le raisonnement discursif – et par conséquent logique » (K.R. Popper, 1998, p. 223). Autant dire que « la pensée discursive [...] a une influence majeure sur notre conscience du temps et sur le développement de notre intuition d'un ordre de succession » (K.R.

Popper, 1998, p. 222). Sur quoi, le constructivisme ontologique poppérien paraît compatible avec le formalisme.

En outre, Popper rejette le holisme constructiviste de Brouwer car certains objets mathématiques ne sont pas construits mais découverts à la suite de la construction d'autres objets mathématiques. La suite des nombres naturels est l'exemple favori de Popper : nous créons les nombres mais nous découvrons que certains nombres sont premiers. De plus, les nombres engendrent à leur tour des problèmes auxquels nous n'avions jamais songé. En l'espèce, Popper renvoie au problème du continu mathématique, qui a tant préoccupé Brouwer. De là suit le rejet de Popper de la formule ontologique de Brouwer, qui s'inspire de celle de Berkeley (« être, c'est être perçu »), selon laquelle « être = être construit ».

Par ailleurs, l'ontologie mathématique de Popper révoque le subjectivisme de l'ontologie mathématique de Brouwer parce que les objets mathématiques, une fois construits, « peuvent désormais devenir les citoyens d'un troisième monde objectif : bien qu'originellement construits par nous » (K.R. Popper, 1998, p. 222). En d'autres mots, « les contenus de pensées véhiculent avec eux leurs propres conséquences inintentionnelles » (K.R. Popper, 1998, p. 222). Pour cette raison, le subjectivisme ontologique de Popper ne vaut que pour la naissance de certains objets mathématiques, non pas pour leur existence que notre épistémologue conçoit de manière objective. Par voie de conséquence, l'ontologie mathématique de Popper est conciliable avec l'objectivisme ontologique (platonisme).

A vrai dire, l'ontologie mathématique de Brouwer s'enferme dans le subjectivisme mentaliste parce qu'il lui a échappé qu'on pouvait concilier l'origine humaine (mentale, pour Brouwer) et l'existence platonicienne des objets mathématiques (K.R. Popper, 1998, p. 217). Or c'est là le tour de force que Popper parvient à accomplir dans son ontologie mathématique : la production de certains objets mathématiques est humaine (soit mentale ou par intuition, soit empirique ou par manipulation, soit encore par association des deux modes au mode discursif), mais leur existence est objective, au même titre que celle des objets mathématiques que nous découvrons simplement, comme les propriétés (les nombres pairs, les nombres impairs, etc.) et les problèmes (la conjecture de Goldbach, le théorème de Fermat, le problème du continu, etc.).

Les problèmes mathématiques ici évoqués en filigrane suggèrent l'idée que les sciences mathématiques ne sont pas infaillibles, car elles se développent, à l'instar des sciences de la nature, grâce à la critique des hypothèses et d'audacieuses démonstrations informelles. Ce serait là la principale dette de Popper à l'égard de la philosophie des mathématiques de Lakatos (K.R. Popper, 1998, p. 219). Et pour cause, même la méthode mathématique ne saurait passer à travers les mailles du filet de la critique. Popper ne dit-il pas que « même les mathématiciens sont faillibles » (K.R. Popper, 2000, p. 61). Ce qui autorise outre mesure d'envisager une « logique de la connaissance mathématique ». Celle-ci impliquerait une « logique de la découverte mathématique » et une « logique de la méthode mathématique ». Dans cette veine, notons que Popper s'est intéressé à la « logique de la découverte mathématique » et à la « logique de la méthode mathématique ». C'est cette dernière que nous allons maintenant examiner.

3 - Méthodologie poppérienne des mathématiques

Nous pouvons comprendre la méthodologie mathématique à l'aune de la méthodologie scientifique (R. Nadeau, 1999, p. 413). Aussi, pouvons-nous dire que la méthodologie mathématique peut s'entendre en deux sens : un sens prescriptif, où l'on entend respecter les canons de la méthode mathématique mais en les adaptant à un domaine mathématique particulier (étude des procédés de raisonnement ainsi que les moyens de vérification qui caractérisent ce domaine, et discussion de leur validité) et un sens descriptif, où l'on réduit la méthode mathématique aux principes souvent implicites qu'on y utilise de fait.

La question évidente est ensuite de se demander en quel sens comprendre la méthodologie poppérienne des mathématiques. Et pour y répondre, il nous semble opportun d'analyser la critique poppérienne de la méthode constructiviste (ou de démonstration directe) de Brouwer. Popper fait une distinction entre deux manières de « s'intéresser » aux mathématiques : premièrement, on peut se focaliser sur les théorèmes, c'est-à-dire sur la vérité ou la fausseté des propositions mathématiques. Cette orientation implique la « découverte mathématique », et donc une « heuristique mathématique platonisante », comme chez Polya (K.R. Popper, 1998, p. 216). Deuxièmement, on peut se consacrer aux démonstrations pour tel ou tel théorème et au caractère de ces démonstrations. Ce qui signifie que les démonstrations ne sont plus simplement les moyens de nous « assurer de » nos théorèmes sur les objets mathématiques, mais elles sont elles-mêmes des objets mathématiques (K.R. Popper, 1998, p. 216).

Au dire de Popper, Brouwer a manifesté une attitude propre à la deuxième manière. Le résultat en est le suivant : affirmer un théorème, c'est affirmer l'existence d'une démonstration en sa faveur, et le nier, c'est affirmer l'existence d'une réfutation, c'est-à-dire d'une démonstration de son absurdité. Ce qui pousse à répudier à la fois la loi du tiers exclu et les démonstrations indirectes, et à poser pour exigence qu'on « ne peut démontrer l'existence d'un objet mathématique qu'en le construisant de manière effective, en le rendant, pour ainsi dire, visible » (K.R. Popper, 1988, p. 216-217).

Suivant l'interprétation de Popper, la méthodologie mathématique de Brouwer est la quête d'une méthode de démonstration plus sûre, et donc la recherche d'une méthode de démonstration infaillible. Or cela passe par la rigueur dans l'acceptation d'un argument démonstratif. C'est-à-dire qu'il faut utiliser des « moyens plus faibles », ou des « suppositions plus faibles » (K.R. Popper, 1988, p. 224). A l'instar de Kleene (1970, p. 65), Popper reconnaît que Brouwer a fait usage de moyens logiques (notamment de la logique intuitionniste) plus faibles que ceux de la logique classique. En témoigne sa déclaration que voici : « [...] démontrer un théorème par des moyens plus faibles est (et a toujours été) une tâche extrêmement intéressante et une des grandes sources de problèmes mathématiques. D'où l'intérêt de la méthodologie intuitionniste » (K.R. Popper, 1988, p. 224).

Popper juge néanmoins que la méthodologie mathématique de Brouwer a une portée limitée, car elle ne vaut que pour la critique des arguments démonstratifs, et non pas pour la critique en général. Certes, la critique se présente souvent sous la forme d'une démonstration, mais elle n'a pas seulement pour objet les démonstrations, car les théories font aussi partie de ses objets. Cependant, la critique des théories exige des moyens logiques plus forts que la critique des démonstrations, parce qu'une théorie peut avoir, par exemple, « des conséquences qui contredisent l'intuition » (K.R. Popper, 1998, p. 224). L'extrait de texte qui suit en rend compte :

> [...] dans un organon de la critique, la faiblesse et la parcimonie ne sont pas des vertus, puisque la vertu d'une théorie, c'est d'être capable de résister à une forte critique. Il semble donc plausible que dans le débat critique [...] sur la validité d'une construction

intuitionniste, l'usage de la pleine logique classique soit admissible (K.R. Popper, 1998, p. 224-225).

La méthodologie poppérienne des mathématiques est alors à entendre à la fois au sens de la première et de la seconde manière d'aborder les mathématiques. En effet, pour Popper, la méthodologie doit aider à l'amélioration des méthodes de démonstration et permettre la découverte de nouveaux objets mathématiques (comme par exemple les problèmes mathématiques).

Au demeurant, si une méthode fait ses preuves dans la critique des méthodes de démonstration mathématique, mais elle doit pouvoir s'appliquer à la critique d'autres objets, puisque la démonstration est une forme de la critique, et que la critique n'a pas que pour objet les démonstrations, mais porte aussi, par exemple, sur les théories. Pour comprendre l'importance des théories, il suffit de se rappeler que Popper tient celles-ci parmi les objets prééminents de l'épistémologie (K.R. Popper, 1973, p. 23, 46 et 53). Au sujet des théories, Popper dit ceci : « les sciences empiriques sont des systèmes de théories. L'on peut donc décrire la logique de la connaissance scientifique comme une théorie des théories » (K.R. Popper, 1973, p. 54). Et cette « théorie des théories » se présente toujours sous la forme d'une critique. Nous avons déjà vu comment Popper critique la théorie mathématique (épistémologie poppérienne des mathématiques), nous allons à présent voir comment il critique la théorie mathématique appliquée, c'est-à-dire la théorie mathématique en tant qu'*organon* de la théorie empirique (ou de la théorie physique).

III - Critique poppérienne de la théorie mathématique de la nature

Le rapport des mathématiques et Popper se donne aussi à voir dans la critique poppérienne des théories physiques mathématisées. C'est-à-dire l'usage des mathématiques dans l'étude (scientifique) de la nature. À cet effet, nous traiterons précisément de la critique poppérienne des théories arithmétiques et des théories géométriques de la nature.

1 - Critique poppérienne de la théorie arithmétique de la nature

Proposée dans l'Antiquité par les pythagoriciens, la théorie arithmétique de la nature consistait à décompter les nombres, les

« essences » ou « natures » invisibles, qui étaient des nombres constitués de points (K.R. Popper, 1985, p. 133). Puisqu'il n'était pas possible de compter ces petits points de manière directe, il va sans dire qu'on ne comptait pas en réalité les nombres ou les unités naturelles, mais on les mesurait, c'est-à-dire qu'on décomptait des unités arbitraires visibles. D'où l'utilité, selon Popper, « d'interpréter ces mesures comme la révélation indirecte des véritables rapports entre unités naturelles ou nombres naturels » (K.R. Popper, 1985, p. 133).

La théorie arithmétique de la nature des pythagoriciens se présente comme le creuset des autres théories de la nature. Par exemple, Démocrite a postulé une théorie de la nature qui s'y ramène. On peut l'exprimer comme suit : « Il existe une distance minimale et un intervalle de temps minimal, c'est-à-dire qu'il y a des distances spatiales et temporelles telles qu'il ne saurait en exister de plus brèves » (K.R. Popper, 1985, p. 130).

Popper pense que la théorie de Démocrite repose sur l'idée selon laquelle toute mesure doit pouvoir se réduire à des nombres purs. En d'autres mots, « la distance séparant deux points atomiques quelconques doit donc comprendre un certain nombre de distances atomiques et, partant, toutes les distances doivent être commensurables » (K.R. Popper, 1985, p. 132).

Le problème est que cette théorie conduit a des implications impossibles : Popper note notamment le cas simple des distances séparant les angles opposés d'un carré, où est donné l'incommensurabilité de la diagonale *d* et du côté *a*.

Plus encore, il s'agit d'exprimer la non-existence d'un rapport entre nombres naturels. L'argument n'est rien d'autre que de démontrer, dans la cas de la diagonale d'un carré unité, qu'il n'existe pas deux nombres naturels, *n* et *m*, dont le rapport, *n*/*m*, soit égal à la diagonale de ce carré unité.

Il en résulte que l'impossibilité de la commensurabilité ne signifie pas l'impossibilité de comparer par des méthodes géométriques ou par la mesure, mais par les méthodes arithmétiques de comptage ou grâce à des nombres naturels, y compris par la méthode qui compare des rapports, et y compris le comptage d'unités de longueur (ou de mesures).

Le problème que pose ici la méthode arithmétique (dans la théorie de la nature de Démocrite) met au jour les limites de l'arithmétisation de la géométrie. C'est ce que révèle de façon criarde le problème des irrationnels. A ce sujet, Popper part de la démonstration de Platon d'après laquelle le carré construit sur la diagonale du carré unité (c'est-à-dire le carré ayant 1 de côté et une surface mesurée par l'unité) a une superficie double de celle du carré unité (c'est-à-dire une superficie de 2). Il note ensuite qu'on ne peut prouver la validité de la transformation de la première figure en la seconde par l'arithmétique des points, ni même par la méthode des proportions (d'Eudoxe). Cette impossibilité est en effet établie par la démonstration (K.R. Popper, 1985, p. 134-135) du caractère irrationnelle de la diagonale, c'est-à-dire la racine carrée de 2.

A relever que cette démonstration fait appel à la seule arithmétique des nombres naturels. Ce qui marque le caractère autoréfutant du projet d'arithmétisation de la géométrie. Par où le remplacement de la méthode arithmétique par la méthode géométrique dans la théorie de la nature. Est-ce dire que la méthode géométrique est exempte de défaut ? La réponse à cette question conduit à la critique poppérienne de la théorie géométrique de la nature.

2 - Critique poppérienne de la théorie géométrique de la nature

L'existence de grandeurs irrationnelles et le fait que celle-ci ait été démontrable ont ruiné l'espoir de déduire la géométrie et la cosmologie de l'arithmétique des nombres naturels. A cet égard, Platon avait compris que la théorie arithmétique de la nature se trouve récusée par le problème des irrationnels. Il a ainsi favorisé la mise au point d'une méthode géométrique autonome (K.R. Popper, 1985, p. 136). Ce qui s'est traduit par une géométrie des solides : Platon a fournit une variante spécifiquement géométrique de la théorie des atomes.

D'un point de vue général, la méthode géométrique permet de modéliser le monde. En témoigne, la prolifération ultérieure de modèles géométriques en mécanique et en physique. C'est sans doute cela qui porte Gaston Bachelard à concevoir la pensée scientifique comme fondée sur une « philosophie géométrique », c'est-à-dire un euclidisme ou une « psychologie d'une raison close », et un non-euclidisme ou un « rationalisme [ouvert] ») (G. Bachelard, 1987, p. 23).

De fait, la théorie géométrique du monde, comme instrument fondamental de toutes les descriptions et explications de la nature, a inspiré les astronomes de l'Antiquité (Ptolémée, Aristarque) et les « grands physiciens » de la Renaissance (Copernic, Galilée, Kepler, Gilbert). Ces derniers, qui ont délaissé Aristote pour Platon, voulaient substituer aux substances douées de qualités et aux virtualités aristotéliciennes une méthode géométrique en cosmologie.

Popper se fait donc fort de souligner la signification de la Renaissance dans le domaine scientifique en ces termes : « une renaissance de la méthode géométrique qui a été au principe des travaux d'Euclide, Aristarque, Archimède, Copernic, Kepler, Galilée, Descartes, Newton, Maxwell et Einstein » (K.R. Popper, 1985, p. 139). Il est en effet de bon ton de placer Euclide comme précurseur de l'application de la méthode géométrique dans l'étude de la nature, quand beaucoup l'inscrivent dans une tradition de géométrie pure ou abstraite. C'est en quoi Popper fait la remarque suivante :

> [...] la géométrie euclidienne n'a pas été conçue comme un exercice de géométrie pure [...], mais pour servir d'organon à une théorie du monde. Dans cette perspective, les *Eléments* ne constituent pas un manuel de géométrie mais tentent de résoudre de manière systématique les principales difficultés de la cosmologie platonicienne (K.R. Popper, 1985, p. 138).

Considérons une autre remarque poppérienne relative cette fois à la tendance à l'arithmétisation de la géométrie dans les sciences empiriques. Popper fait référence aux travaux du mathématicien allemand E. de Wette (K.R. Popper, 1985, p. 138, note 48). En l'espèce, Popper (1985, p. 138) distingue l'arithmétisation de la géométrie, au sens des pythagoriciens et des préplatoniciens, qui engage les nombres eux-mêmes, ou les méthodes constructivistes, finitistes ou intuitionnistes (théorie des nombres), de l'arithmétisation de la géométrie qui n'engage que des ensembles (ou des suites infinies) de nombres naturels (théorie des ensembles). Ajoutons que cette arithmétisation n'est à vrai dire qu'une algébrisation de la géométrie, puisque la théorie scientifique se présente, depuis au moins Newton, sous la forme d'équations. Dans cette perspective, Werner Heisenberg relève ceci chez Newton :

> [...] chaque concept peut être représenté par un symbole mathématique et les rapports entre les différents concepts sont alors représentés par des équations exprimées par des symboles ; l'image mathématique de ce système assure qu'aucune contradiction interne ne puisse s'y produire. Ainsi, les mouvements possibles des corps sous l'influence des forces qui

> s'exercent sont représentés par les solutions possibles des équations. (W. Heisenberg, 1971, p. 109-110).

Conclusion

Le sens du rapport des mathématiques et Popper est implicite parce que la présence effective de celles-ci dans ses travaux ne permet pas de les cerner en un tout systématique d'affirmations *ex cathedra*. Du coup, des avis estiment qu'on ne rencontre pas, et de façon constante, dans son œuvre épistémologique une préoccupation explicite au sujet du rôle des mathématiques dans l'activité scientifique. Pour nombre de personnes, il est rare de voir Popper manifester clairement son intérêt à l'application des mathématiques dans les sciences empiriques, en comparaison de ce qu'il a dit sur l'introduction des techniques mathématiques dans les sciences économiques (K.R. Popper, 1956, p. 73). Ce n'est pourtant pas dire que les mathématiques aient un rôle peu prépondérant, loin s'en faut. C'est que leur importance est reconnue depuis au moins la systématisation galiléenne de leur application scientifique jusqu'à la reconnaissance de leur essentialité dans la théorie quantique. A ce sujet, écoutons deux acteurs majeurs de cette théorie. Erwin Schrödinger livre ceci :

> Lorsque nous élaborons des théories pour rendre compte des faits observés, nous dessinons très souvent des représentations géométriques sur le tableau ou sur une feuille de papier ou, le plus souvent simplement dans notre esprit, les détails de ces représentations étant données par des formules mathématiques avec une précision bien plus grande et sous une forme beaucoup plus élégante que ne pourraient jamais les donner le crayon ou le porte-plume (1992, p. 38).

Pour sa part, Werner Heisenberg note que :

> Les systèmes fermés d'axiomes et de définitions issus de la science ont comme caractéristique la plus importante la possibilité de leur trouver une représentation mathématique cohérente, laquelle doit garantir que ceux-ci n'aient pas de contradictions internes (1971, p. 120).

En outre, certains se rendent compte que même le falsificationnisme, un fer de lance de l'épistémologie poppérienne, ne semble pas avoir été appliqué par Popper à l'étude des mathématiques, si ce n'est par son disciple Lakatos (K.R. Popper, 1998, p. 220-221). Popper aurait, lui, surtout mis le doigt sur l'existence objective de certains objets mathématiques (comme les propriétés et les problèmes mathématiques), qui explique la possibilité de la « découverte mathématique » (K.R. Popper, 1998, p. 216 et 222).

Une « lecture » superficielle et parcellaire du rapport des mathématiques et Popper est toujours tolérable, parce qu'une reconstruction cohérente et synoptique de sa pensée n'est pas toujours affaire aisée. Mais cela n'autorise pas de lui faire à tort un procès sur son soit disant « silence » à propos de la fonction des mathématiques dans les sciences empiriques.

C'est plutôt au prix d'une « lecture », allant par-delà l'apparence immédiate, qu'il est possible, par reconstruction et synthèse, de faire remonter à la surface la signification propre de l'invocation d'éléments mathématiques dans la philosophie poppérienne de la science. C'est ce que nous avons essayé de faire ici.

Nous avons montré que les mathématiques présentent un triple intérêt chez Popper : un intérêt méthodologique, parce qu'il s'en sert dans sa méthode d'argumentation épistémologique. Un intérêt épistémologique, parce qu'il les emploie pour critiquer la science, y compris la science mathématique elle-même (épistémologie poppérienne des mathématiques). Un intérêt ontologique, parce qu'il fait usage de l'existence objective des objets mathématiques (ontologie poppérienne des mathématiques) comme élément étayant sa thèse de l'existence d'un « monde 3 », le monde de la « connaissance objective ». Ces trois topiques constituent normalement la philosophie poppérienne des mathématiques, suivant trois grands ensembles de problèmes : les « problèmes épistémologiques », les « problèmes ontologiques », les « problèmes méthodologiques ».

A ce compte, on peut se plaire à soutenir que l'existence d'une philosophie poppérienne des mathématiques donne à penser que la philosophie des mathématiques de Lakatos n'aurait fait que mettre en vitrine ce que celle de son maître gardait à l'arrière-boutique. De fait, dans ce que nous avons appelé sa critique de la théorie mathématique de la nature, Popper délivre un exemple de réfutation mathématique, à travers la mise en évidence des limites de la méthode arithmétique et de l'arithmétisation de la géométrie (au sens de la réduction à la théorie des nombres naturels).

Références bibliographiques

A- Livres et articles de Popper

POPPER Karl Raimund, 1973, *La logique de la découverte scientifique*, Paris, Payot, coll. Bibliothèque scientifique.

POPPER Karl Raimund, 1985, *Conjectures et réfutations : la croissance du savoir scientifique*, Paris, Payot, coll. Bibliothèque scientifique.

POPPER Karl Raimund, 1988, *Misère de l'historicisme*, Paris, Pocket, coll. Agora.

POPPER Karl Raimund, 1998, *La connaissance objective : une approche évolutionniste*, Paris, Flammarion.

POPPER Karl Raimund, 2000, *A la recherche d'un monde meilleur*, trad. Jean-Luc Evard, Paris, Editions du Rocher, coll. Anatolia.

B- Livres et articles sur Popper

BOYER Alain, 1994, *Introduction à la lecture de Karl Popper*, Paris, Presses de l'Ecole Normale Supérieure.

BOYER Alain, 1996, « Popper et les mathématiques », in *Les cahiers du CREA*, n°9605.

NAYDLER John, 1982, "The Poverty of Popperism", in *Thomist*, n°46, pp. 92-107.

QUILLOT Roland, 1993, « Le critère poppérien de scientificité et la psychanalyse », in *Popper, la science et la psychanalyse*, Toulouse, Erès, Cliniques méditerranéennes, p.

C- Livres et articles de philosophie des sciences

BACHELARD Gaston, 1987, *Le nouvel esprit scientifique*, Paris, PUF, coll. Quadrige.

BAUDET Jean-Claude, 2005, *Mathématique et vérité : une philosophie du nombre*, Paris, L'Harmattan, coll. Ouverture philosophique.

HEISENBERG Werner, 1971, *Physique et philosophie : la science moderne en révolution*, Paris, Albin Michel, coll. Sciences d'aujourd'hui, (1961).

NADEAU Robert 1999, *Vocabulaire technique et analytique de l'épistémologie*, Paris, PUF, coll. Premier cycle.

POINCARE Henri, 1970, *La science et l'hypothèse*, Paris, Flammarion, coll. Champs.
PUTNAM Hilary, 1996, *Philosophie de la logique*, Paris, L'éclat, coll. Tiré à part.
SCHRODINGER Erwin, 1992, *Physique quantique et représentation du monde*, Paris, Seuil.
Von MISES Richard, 1964, *Mathematical Theory of Probability and Statistic*, New York, Academic Press.
Von MISES Richard, 1961, *Probability, Statistics and Truth*, Londres, G. Allen & Unwin.

Du quantique à l'absorption philosophique de l'objet de la physique théorique

Jean Berclémence TATI

Introduction

Le quantique est ce qui est en rapport avec la théorie des quanta, laquelle théorie repose elle-même sur la représentation des particules par les nombres. Tout remonte à 1900, date de l'avènement de la nouvelle théorie physique mathématique réductible, en partie à la « mécanique quantique ». Elle est la dernière grande découverte de notre siècle alors qu'elle semble ignorée de tous, en dehors d'une poignée d'experts. Nous vivons à l'ère du quantique. Un ordinateur, une carte de crédit sont autant d'objets quantiques. De l'atterrissage nocturne des avions à la platine laser, de la calculette de poche au téléphone portable de type iphone, des caisses de supermarchés à l'imagerie médicale, notre environnement est quantique.

Rappelons toutefois que la théorie des quanta comme la théorie de la relativité sont deux grandes découvertes scientifiques de notre siècle. Comme l'indiquait W. Heisenberg « l'histoire de la physique théorique depuis trente ans est marquée par le développement de deux doctrines d'une portée profonde, la théorie de la relativité et celle des quanta » (W. Heisenberg, 1962, p. 185).

Suivant le tracé que nous proposons à notre réflexion, nous accorderons plus d'intérêt à la théorie des quanta ; car elle a non seulement bouleversé notre façon de vivre, mais encore elle a considérablement fait basculer nos schémas traditionnels de pensée.

En affirmant cela, nous n'avons pas la prétention de faire un examen critique de toute la nouvelle théorie physique, loin s'en faut. Notre travail se veut, un examen des principales applications techniques conjuguées des implications épistémologiques qui ont conduit à la naissance de la nouvelle physique théorique, notamment avec le renoncement de l'approche déterministe du monde.

L'histoire retient Max Planck comme le père de la nouvelle théorie physique. Reste qu'avant Planck, Lord Rayleigh et Jeans s'étaient exercés à apporter une réponse au phénomène simple à partir duquel devait naître la théorie quantique. « Tout morceau de matière, quand on l'échauffe, commence à rayonner, à passer au rouge puis au blanc au fur et à mesure que sa température s'élève » (W. Heisenberg, 1917, p.

13) peut-on lire chez Heisenberg à propos du rayonnement des ''corps noirs''.

1 - Planck et le problème du rayonnement du « corps noir »

De prime abord, nous sommes devant un phénomène physique simple. Malheureusement les tentatives d'explications, en vue d'une approche cohérente et objective du phénomène échouent. Aussitôt, cela va susciter une prise de conscience de la difficulté que cherchera à résoudre le physicien allemand Max Karl Ernest Ludwig Planck. Ce dernier va d'abord réaliser que l'application des lois connues jusqu'ici est incompatible avec le phénomène étudié. Alors le transfert du problème est urgent : du problème du rayonnement du corps, nous passons à celui de l'atome émetteur du rayonnement. Cette délocalisation du site du problème n'éliminait aucunement la difficulté. Elle donnait lieu à une explication vide de portée épistémologique du phénomène.

Parallèlement, durant l'été 1900, Curlbaum et Rubens œuvraient au sujet de la question. Leurs travaux débouchaient sur des expériences très précises ''du spectre du rayonnement thermique ''. Ces mesures vont influencer Max Planck notamment au sujet de la formulation mathématique des relations générales entre chaleur et rayonnement. La loi de Planck est à cet égard très évocatrice :

$$\boxed{\Delta E = n\,h\,\nu}$$

Cette loi fait autorité, de nos jours, dans les milieux scientifiques et s'affirme comme point de fixation de la nouvelle physique. C'est elle qui ouvrira la voie vers « une terre nouvelle ». Partant de cette équation, l'édifice de la connaissance scientifique connaîtra d'importants séismes. Les conceptions qui structuraient autrefois la science, notamment les principes de causalité, de déterminisme et d'objectivité, se trouvèrent brusquement inoffensifs. La vision du monde se proposait alors d'être renouvelée. Physiciens et philosophes (épistémologues) composèrent ensemble devant une communauté de destin autour d'un travail de démolition et de reconstruction.

Tout est remanié jusque dans les confins de notre système de connaissance. Quand le physicien découvre, le philosophe, à travers un travail de cohérence interne de clarification des concepts, offre les conditions de validité. C'est ainsi que les aménagements aussi négligeables devinrent des étincelles qui mirent le feu aux poudres. Des notions aussi fondamentales que le temps et l'espace, la continuité, les concepts de particules, d'atome en sortaient transfigurées.

Peut-être n'était-ce pas la première fois que l'on assistait au changement des paradigmes théoriques. Il semble néanmoins que ce fut la première fois que les fondements philosophiques de la science classique étaient démantelés à ce point. Ce qui nous fait dire avec M. Bitbol que la nouvelle physique théorique illustre effectivement le changement de monde auquel Thomas Kuhn fait allusion. « Le changement de monde véritable qu'évoque Kuhn et dont la mécanique quantique avec ses premières interprétations ne représentaient que le motif annonciateur est en train de se produire sous nos yeux » (M. Bitbol, 1994, p. 366).

Revenant aux premiers moments de la science nouvelle, l'on retiendra la période allant de 1920 à 1933, comme l'âge d'or de la physique théorique : période ayant offert les fondements philosophiques rationnellement acceptables à la nouvelle théorie. C'est un moment qui marquera un tournant décisif de la mécanique quantique vécu comme une aventure conduite des mains de maitre par une nouvelle génération des physiciens audacieux et dynamiques. Deux lieux serviront de centre mondial d'élaboration de la nouvelle physique : Copenhague et Göttingen. Aussi deux noms sont-ils à retenir, à savoir Niels Bohr et Werner Heisenberg, pour leur apport décisif dans le triomphe de la physique quantique. Car l'histoire arrête l'établissement des fondements rigoureux et fermes de la physique quantique à 1927. Les inégalités d'Heisenberg et le principe de complémentarité de Bohr demeurent la base finale du vaste appareillage physico-philosophico-mathématique que l'on désigne par le nom de « mécanique quantique ».

Par-dessus tout, la mécanique quantique ou ce qui revient au même la théorie des quanta va d'abord s'interpréter comme la mise en avant de l'existence d'états discontinus et de transition entre ces états, dans l'univers microphysique. Cette première approche renvoie aux travaux de Max Planck, et donc à la fin du siècle dernier : le 14 Décembre 1900.

Nous savons à présent que la grande théorie de notre siècle est née d'un fait simple : le rayonnement des corps noirs. C'est pour répondre à ce fait aussi simple que Planck introduira un élément de discontinuité alors que l'élément de continuité semblait encore s'imposer dans les laboratoires de science physique. Selon ce dernier, la dynamique des atomes s'effectue par bonds discontinus. Autrement dit, un atome ne peut absorber peu à peu de façon continue de l'énergie lumineuse ; cela ne se fait que par paquets, par quanta ; la valeur de ces quanta étant déterminée par une constante dénommée « h » : la constante de Planck, comme on l'appelle dans les milieux scientifiques.

Cette découverte de Planck va influencer la plupart des physiciens de son temps, parmi lesquels Einstein dont les travaux s'inscriront dans la même visée intentionnelle que son inspirateur, mais avec une différence paradoxale. En effet, Einstein supposait, que si les atomes se mouvaient par quanta, alors ceux-ci seraient déjà continus dans la lumière.

De façon plus approchante, les ondes lumineuses continues achemineraient leur énergie sous forme discontinue, concentrée dans des corpuscules de lumière, les photons. Bref, Einstein voudrait dire que la lumière serait à la fois onde ou corpuscule, ou tantôt ondes et corpuscule. Personne n'avait pris au sérieux cette perception. Il a fallu attendre 1924 notamment avec Louis De Broglie pour accorder un intérêt sans réserve aux travaux d'Einstein (Nous y reviendrons lors de nos prochaines parutions à propos du paradoxe EPR).

2 - La période charnière du développement de la théorie quantique

La période 1920-1933, d'après l'histoire, semble retenir deux lois fondamentales : Les relations d'incertitude d'Heisenberg et le principe de complémentarité de Niels Bohr, représentatifs du dualisme Onde-Particule.

A propos de ce dernier (onde-particule), nous pouvons indiquer que l'explication du comportement des électrons au moyen des mathématiques débouche sur deux représentations simultanées de l'électron : l'une sous forme d'onde, l'autre sous forme de particule ; deux représentations opposées entre elles ; ce qui viole le sens commun traditionnel. Alors l'électron était-il une onde ou une particule ?

Le principe de complémentarité de Bohr offre une réponse plausible à la question. En effet, selon Bohr l'expérimentation en physique, est d'une manière telle que nous ne pouvons connaitre simultanément avec précision les deux composantes de l'électron. La pratique de laboratoire révèle que : soit nous mesurons avec précision la position de l'électron et nous ignorons sa vitesse ; de même soit nous connaissons avec exactitude la vitesse de l'électron et sa position nous est imprécise (inconnaissable). Le génie créateur de Bohr est de comprendre que par-delà leur exclusion mutuelle, les deux composantes essentielles de l'électron se complètent. « Les résultats obtenus sous différentes conditions expérimentales ne peuvent pas être compris par une seule image d'ensemble, mais doivent être considérés comme complémentaires en ce sens que c'est seulement la totalité des phénomènes qui rend exhaustive l'information possible sur les objets » (F. Selleri, 1994, p. 33), dira Niels Bohr.

Pendant que Bohr rendait public sa nouvelle approche de la théorie physique, Heisenberg, dans un style différent mais fondamentalement proche de la théorie de Bohr, notamment les '' relations d'incertitude'', offrait à la communauté des physiciens une base philosophique stable et incommensurable avec l'adéquation entre le formalisme de la théorie quantique et le monde physique.

De façon fort légitime, l'auteur de *Physique et Philosophie* est maitre dans l'art d'exprimer les intuitions physiques en termes mathématiques précis. En effet, pour la première fois en science, les propriétés physiques d'une particule, telle que l'énergie, la quantité de mouvements, la position… sont caractérisées par des objets mathématiques appelés matrices ; généralisations de l'idée de nombre. C'est le point de départ du tout numérique. Nul doute que les travaux du mathématicien britannique Alan Turing notamment ''la machine de Turing'' porte en partie l'influence de la mécanique des matrices, à propos du formalisme entre le concept mathématique de calculabilité et le concept intuitif ou informel d'algorithme.

Un retour à la mécanique des matrices montre avec Heisenberg que si deux réalités physiques sont représentées par deux opérateurs à savoir la matrice « p » indiquant la position et la matrice « q » indiquant sa vitesse. Ces deux propriétés physiques sont telles que p.q n'est pas égal à q.p. Dans le calcul des matrices l'ordre dans lequel on intervient influence considérablement le résultat, et exclut de ce fait la loi de commutativité.

Si 3.6=6.3, la mécanique matricielle démontre que p.q≠q.p. Ainsi l'on ne peut mesurer simultanément les deux propriétés d'une particule qu'avec une précision arbitrairement élevée.

> On ne peut en général prévoir avec certitude le résultat de l'observation ; ce qu'on peut énoncer c'est la probabilité d'un certain résultat de l'observation, laquelle peut se vérifier en répétant un grand nombre de fois l'expérience (W. Heisenberg, 1962, p. 49).

Le philosophe physicien affirme ici une position manifestement révolutionnaire de la mécanique quantique qui va déboucher sur une description physique mathématique fort éloignée de notre intuition courante. Ce qui soulève un certain nombre de questions : La mécanique quantique tire-t-elle sa cohérence interne dans le formalisme logico-mathématique ? La physique mathématique et la philosophie partageraient-elles le même objet ?

Nous vivons dans un univers quantique ou le tout numérique inonde notre environnement immédiat. La compréhension de ce monde échappe à notre intuition habituelle et pourtant c'est à cela que nous sommes exposés au quotidien. Notre silence, ou mieux encore, notre ignorance du monde quantique tient à la théorie quantique elle-même. D'abord parce qu'elle revêt un paradoxe. La mécanique quantique constitue une théorie considérable de la physique contemporaine, dont on est néanmoins incapable de dire rigoureusement son objet et ce qu'elle signifie ; car cela ne se distingue pas à priori.

En un autre sens, le silence autour des variables issues de la mécanique quantique tient à leur caractère iconoclaste, révolutionnaire. La physique théorique affirme un renversement sans précédent des principes du mode de pensée traditionnel tenus pour définitivement établis. De ce fait, elle est inaccessible (en dehors de quelques spécialistes), aux esprits accoutumés aux schémas opérationnels classiques. Einstein n'en dit pas moins s'adressant à E. Schrödinger : « Les gens sont incapables de sortir du filet des concepts admis ; et ne savent qu'y frétiller de façon bouffonne. Toi, par contre, tu contemples les choses de l'extérieur et de l'intérieur à volonté » (M. Bitbol, 1994, p. 7).

Ceci peut amener à cerner la portée pédagogique de notre travail. De façon plus approchante, outre l'articulation physique-philosophie-mathématique, notre texte se veut vecteur de l'idée que la structure philosophique de base électronique matricielle que sont les inégalités d'Heisenberg favorise l'accès à une compréhension simplifiée (au sens poppérien de simplicité) de la physique théorique.

En effet, la mécanique quantique, pour des raisons pédagogiques reposent sur l'interprétation orthodoxe de Copenhague. Celle-ci est symptomatique des relations d'incertitude et témoigne d'une brusque accélération du développement de la physique des quanta.

Dans le monde infiniment petit, toute particule est enveloppée d'une variable de position (corpuscule) et d'une variable de vitesse (Onde). Toutes deux sont représentées au moyen d'un formalisme mathématique, frayant ainsi la porte au domaine de la pure abstraction, au royaume des êtres mathématiques.

> Sans entrer pour l'instant dans aucun détail sur les caractères propres de ces phénomènes et de ces entités, rappelons seulement qu'ils échappent à toute pensée qui ne serait pas constituée adéquatement en vue de les appréhender : ils ne peuvent être saisis qu'au travers d'une conceptualisation théorique et de la mise en œuvre d'une pensée formalisée, exprimable seulement sous forme de relations mathématiques (M. Paty, 1988, p. 132).

Aussi convient-il de rappeler que trois termes désignent les inégalités d'Heisenberg : Incertitude, Indétermination, Imprécision, et chaque terme a une portée sémantique bien précise. Le premier se dit incertitude subjective à propos du résultat avenir d'une expérimentation. Ce faisant, le terme manifeste avec rigueur la prégnance de l'alternative sujet/objet. L'incertitude se résume alors à une limitation quantique de la connaissance portant sur toute expérience possible dans le domaine des phénomènes microphysiques. Plus on s'obstine à connaitre avec exactitude l'une des deux variables de la particule, la connaissance de l'autre variable devient une impossibilité de fait. Pour résumer les relations d'incertitude d'Heisenberg (dont la formalisation mathématique est la suivante : $\Delta p . \Delta q \geq h$., et qui révèlent ainsi l'impossibilité de soustraire l'agent-de-mesure de l'objet d'expérience), Jean-Louis Destouches dit ceci :

> Plus une mesure de position est précise, plus elle modifie d'une manière imprévisible la quantité de mouvement, et par la suite la vitesse du corpuscule. Plus une mesure de quantité de mouvement est précise, plus elle rend imprécise la position du corpuscule (J.-L. Destouches, 1939, p. 22).

A propos de l'indétermination, l'auteur de *La Nature dans la physique contemporaine*, suppose toujours une '' indétermination objective'' du résultat futur d'une expérimentation ou de l'état d'un objet. En parlant du premier terme (Incertitude) nous avons indiqué que les relations d'incertitude excluent la définition simultanée des valeurs précises des deux variables conjuguées. Si nous avons A et B deux matrices représentant les deux propriétés d'une particule ; la matrice A, la dispersion de la position par rapport à sa valeur moyenne et la matrice B la dispersion de mesure de la quantité de mouvement par rapport à sa valeur moyenne.

En outre, les dispersions A et B n'ont de signification que si l'on a effectué un très grand nombre de mesure afin de comparer les différences entre les mesures individuelles. Par le biais d'un procédé statistique courant, la relation d'indétermination montre qu'il est impossible de réaliser un appareil au moyen duquel les dispersions calculées à la suite d'une longue série des mesures ne rempliraient pas l'exigence suivante; à savoir le produit des dispersions A.B doit être égal ou supérieur à la constante de Planck. En symbole mathématique nous aurons : $A.B \geq h$.

C'est la raison pour laquelle l'on ne peut prévoir avec exactitude le résultat d'une observation. Ce qui nous condamne à n'effectuer que la statistique d'un certain résultat ; laquelle n'a de signification qu'à condition d'avoir répété l'opération une énième fois. Alors le principe d'indétermination, énoncé en 1927, stipule qu'il est impossible, parlant des phénomènes quantiques, d'attribuer à une particule, à un instant précis, une position et une quantité de mouvement déterminés.

Plus la position est exacte, plus elle rend inexacte la vitesse. Cette indétermination objective du résultat tient moins à l'imperfection de nos instruments de mesure qu'à la nature même des particules. Ce qui nous amène à saisir essentiellement le principe d'indétermination comme une indétermination objective du résultat futur d'une expérience.

S'agissant enfin du troisième terme : Imprécision, nous dirons qu'il a été le plus utilisé par l'auteur en 1927. Ce terme a l'avantage de la neutralité, contrairement aux autres. Malheureusement, il revêt l'inconvénient d'ouvrir une fausse piste pour l'interprétation des relations d'incertitude d'Heisenberg. En effet, l'imprécision a un sens bien défini par l'auteur. Quand on parle d'imprécision, c'est toujours l'imprécision de la valeur observée et non la valeur elle-même.

Comme nous l'avons souligné à propos des deux termes précédents (Incertitude, et Indétermination), aucun type d'opération expérimentale n'est de nature à réduire l'imprécision (Incertitude) sur les valeurs de l'un des observables, sans accroitre en degré l'incertitude sur les valeurs de l'autre observable conjuguée. C'est en quoi Heisenberg dit que : « [...] cette détermination ne sera pas précise ; elle comportera au minimum les imprécisions provenant des relations d'incertitude et comportant probablement des erreurs plus fortes, vu les difficultés de l'expérience » (W. Heisenberg, 1971, p. 36).

Ce court extrait de texte indique que ce qui est naturellement insurmontable ici, dans le cadre de la mesure des valeurs des deux observables A et B, est le fait que la mesure initiale très précise de A entraine, en vertu des inégalités d'Heisenberg, une très grande dispersion sur la mesure de B. Autrement dit, quel que soit le degré de précision que l'on peut atteindre lors de la mesure de B, la prévision de la valeur qu'elle donnera est par voie de conséquence, rendue aléatoire par la grande précision de la mesure antérieure de A. Alors la prévision de la valeur de B est dite « imprécise », en raison de la grande précision de la valeur préalable de A.

Conclusion

Au terme de ce travail de clarification et de mise en relief du cadre théorique et conceptuel de ce qu'est la mécanique quantique dès ses premières apparitions, nous sommes comme parvenus à déterminer ce qui constitue la base philosophique de la physique théorique. Celle-ci montre dans un premier temps que la matière ne peut émettre de l'énergie radiante que par quantités finies, proportionnelles à la fréquence V de l'oscillateur qui émet ; le facteur de proportionnalité étant une constante h ayant les dimensions d'une action mécanique : $\Delta E=nh\nu$ (l'équation de Planck). C'est ici que se frayera une interprétation épistémologique de la nouvelle donne physique avec toute la portée philosophique qui semble l'accompagner. Ce qui explique les tensions les plus inouïes qui naitront entre physiciens de l'époque selon que l'on soit réaliste ou antiréaliste.

A propos de ces deux tendances, nous dirons brièvement que l'une s'efforce d'interpréter les phénomènes physiques en demeurant dans le cadre de pensée classique (tendance réaliste soutenue par Einstein et ses amis) ; l'autre, au contraire antiréaliste exige de l'esprit une véritable mutation et invite à se créer des instruments intellectuels originaux, spécifiquement adaptés à un type d'expérience manifestement neuf. Le cadre le plus représentatif de cette dernière tendance est l'école de Copenhague qui offrira les fondements philosophiques à la nouvelle théorie physique où philosophes et physiciens travaillent la « main dans la main », car ayant le même objet d'analyse. Ce qui se résume à ceci, en paraphrasant Weizsäcker : La nature a précédé l'homme-philosophe, mais la philosophie a précédé la science de la nature. Ce qui confine physiciens et philosophes dans ''un système de coopération amicale et hostile'' eu égard à leur objet commun d'investigation.

L'amicalité de la coopération est légitimée par le fait que physiciens et philosophes, plus que par le passé, sont devenus des partenaires inséparables. Et l'hostilité est le fait du caractère impitoyable de la critique scientifique, caractéristique des hommes de science et des philosophes, rappelant ainsi la conception poppérienne de la Science.

Références bibliographiques

BITBOL Michel, 1996, *Mécanique quantique. Une introduction philosophique*, Paris, Hermann.

DESTOUCHES Jean-Louis, 1939, *Physique moderne et philosophie*, Paris, Hermann.

HEISENBERG Werner, 1971, *Physique et Philosophie*, Paris, Albin Michel.

HEISENBERG Werner, 1972, *La Partie et le Tout*, Albin Michel, Paris.

HEISENBERG Werner, 1962, *La nature dans la physique contemporaine*, Paris, Gallimard.

LEVY-LEBLOND Jean-Marie, 1998, *Quantique ''Rudiments''*, Paris, Masson.

POPPER Karl Raimund, 1973, *La logique de la découverte scientifique*, Paris, Payot.

POPPER Karl Raimund, 1996, *La théorie quantique et le schisme en physique*, Paris, Hermann.

SELLERI Franco, 1994, *Le grand débat de la théorie quantique*, Paris, Flammarion.

La techno-science, conquérante et dominatrice

Antonin MBA NGUEMA

> La Raison se comporte à l'égard des choses comme un dictateur à l'égard des hommes : il les connaît dans la mesure où il peut les manipuler. L'homme de science connaît les choses dans la mesure où il sait les faire. Il utilise ainsi leur *en* soi *pour* lui-même. Dans cette métamorphose, la nature des choses se révèle toujours la même : le substrat de la domination. (M. HORKHEIMER et T. ADORNO, 1947, p. 27).

> Crois-moi : la connaissance exile à l'infini tout ce qu'elle croit étreindre. Peut-être est-ce le mystère seul qui réunit. Sans le mystère, la vie serait irrespirable (G. MARCEL, 1973, p. 168).

Introduction

Le terme « techno-science » inspire de manière prolixe la pensée de Gilbert Hottois qui en revendique la paternité, comme on peut le voir dans l'extrait de texte suivant :

> J'ai au mot "technoscience un rapport déjà fort ancien, qu'on pourrait qualifier d'"existentiel", dépourvu d'ambivalence .. La technoscience n'est pas une enfant de tout repos. Elle est d'abord une enfant migratrice, qui se serait trouvée des parents de substitution, et épanouie hors du pays natal, spécifiquement en Amérique et dans les pays hispanophones. C'est une enfant qui soulève les passions, technophobes et technophiles, créationnistes et évolutionnistes, réactionnaires et futuristes, globalisatrices et alter-mondialistes, fondamentalistes et déconstructrices, prise dans la guerre des sciences et des cultures. Depuis peu, j'ai décidé de revendiquer l'enfant prodigue (G. Hottois, 2006, p. 21).

La techno-science désigne précisément la « constante interaction », « l'enchevêtrement dynamique » de la science et de la technique modernes. Car, depuis la Renaissance, la science causale moderne est, selon l'auteur de *De la Renaissance à la Postmodernité*, « science de l'univers », mais aussi « science de l'action » efficace *dans* l'univers. Elle se rapproche donc de la technique considérée comme *science appliquée*, comme « prolongement du savoir logothéorique pur ». La science moderne est devenue, dans son évolution même, *technicienne*, techno-scientifique. C'est ce qu'indique le passage ci-dessous :

> Le terme de « technoscience » apparaît au milieu des années soixante-dix. Il désigne la science contemporaine en exprimant clairement le contraste avec le projet logothéorique de la science ancienne ainsi qu'avec la représentation encore dominante de la science moderne, qui continue d'assimiler celle-ci à une entreprise fondamentalement théorique indépendante de la production et de l'action (G. Hottois, 1988, p. 466).

La techno-science caractérise définitivement la collaboration « praxis théorique », la « fusion » concrète et pragmatique de la science et de la technique ; et cette fusion techno-scientifique rend compte d'un trait « si essentiel de la modernité », ainsi que l'entend Dominique Lecourt :

> Elle pose d'abord qu'il existe une fusion entre technique et science : thèse d'histoire des sciences. On commente à satiété le trait d'union autour duquel elle est bâtie : n'est-il pas évident aujourd'hui, avec les grands équipements, que la science, notamment la physique, est indissolublement unie à la technique ? [...] La cité scientifique est indissociable de la cité technique. [...] Mais l'expression de la techno-science dit plus, et autre chose : elle place la technique aux commandes de la science. Elle enveloppe donc une thèse épistémologique (D. Lecourt, 1994, p. 135).

Aussi, dans le *contexte* existentiel, social, politico-économique et culturel qui est celui du monde contemporain, la techno-science ne peut-elle plus se réfugier dans un hypothétique principe de « neutralité », de « pureté spirituelle », à l'égard du monde et des hommes. La techno-science, en tant qu'« activité sociale » financée par les ressources de la société et de l'État, ne peut plus se « *confiner dans un ghetto tout idéal, garant de sa pureté* » (Cl. Chrétien, 1991, p. 65). Elle est, d'une manière ou d'une autre, investie par l'idéologie, comme essaye de le montrer Cl. Chrétien :

> Si on entend par ce mot les reflets, dans l'ordre de la connaissance, des valeurs ou des principes sociaux. Sa virginité semble donc plus sérieusement menacée et les défenseurs les plus farouches de la pureté scientifique auront du mal à la préserver intacte (Cl. Chrétien, 1991, p. 65).

Loin d'être « technophobe » ou « technophile » (G. Hottois, 2002, p. 52-67), le philosophe Gabriel Marcel, dans son œuvre, s'est évertué à éveiller les consciences contre les dangers qu'entraîne le développement croissant des sciences et des techniques. Cette incessante mise en garde ne signifiait pas qu'il ne fallait pas voir en la techno-science une « valeur positive ». Bien au contraire, cette valeur positive, qui ne pourrait être contestée que par des « fous », allait bien au-delà de l'utilité pure et simple. Dans cette veine, allons un tantinet au détail de l'argumentation de notre philosophe :

> Le technicien, par exemple, qui est en possession de sa technique, éprouve, à l'exercer, une joie qui est foncièrement saine et noble. Cette joie est liée à la conscience d'une puissance qui s'exerce sur les choses, c'est-à-dire sur une réalité subalterne et qui, d'un certain point de vue, paraît être faite pour être maîtrisée » (G. Marcel, 1954, p. 18).

Cependant, il en va autrement quand c'est l'homme lui-même qui devient l'*objet*, la *chose* de *sa* propre technique. C'est à ce niveau qu'apparaît le danger que l'auteur de *Les Hommes contre l'humain* n'a eu de cesse de mettre en alerte : la *chosification* et la *déshumanisation* de l'homme par l'homme. Cette chosification aliénante, déshumanisante et désespérante ne prend véritablement forme que quand celui-ci devient l'« instrument », le « rouage » de son agir. Mais, qu'est-ce qu'une technique, « sinon un ensemble de procédés méthodiquement élaborés, et par conséquent susceptibles d'être enseignés et reproduits, dont la mise en œuvre assure la réalisation de telle fin concrète déterminée » (G. Marcel, 1991, p. 58) ? Envisagée en elle-même, la technique ne peut être « mauvaise », elle constitue plutôt l'expression d'un « bien » dans la mesure où elle est une certaine « spécification de la raison » dans son application au réel :

> Condamner la technique, c'est donc prononcer des mots vides de sens. Mais il importe à la vérité de ne pas s'en tenir à une définition abstraite et de s'interroger sur le rapport concret qui

> tend à s'établir entre la technique d'une part et l'humain d'autre part ; et ici les choses se compliquent (G. Marcel, 1954, p. 18).

Certes, la techno-science est indispensable pour utiliser les « choses » avec le plus grand « rendement » possible, mais aujourd'hui, son usage a été généralisé ; elle règne en maîtresse, l'homme est en proie à la « technocratie », et celle-ci l'*objective*, le rend « objet ». Et Gabriel Marcel ne peut que décrire « l'appauvrissement humain » qui est le fait de cette tendance objective de la techno-science. Cet appauvrissement n'est rien d'autre que *l'avilissement de l'être spirituel* qu'est l'homme. Cependant, ceci ne signifie pas qu'il faille aujourd'hui renoncer à la technique ou à « briser les machines » comme le pensait Günther Anders :

> Mais seulement, comme l'a dit profondément Bergson, que tout progrès technique devrait être équilibré par une sorte de conquête intérieure, orientée vers une maîtrise toujours plus grande de soi. Reste à savoir malheureusement si le travail sur soi n'est pas de plus en plus difficile à obtenir d'un être qui bénéficie chaque jour davantage des facilités que le progrès technique met à sa disposition (G. Marcel, 1954, p. 44).

Pour le philosophe, un être perd d'autant plus conscience de sa « réalité intime et profonde » qu'il est plus dépendant de toutes les mécaniques dont le fonctionnement lui procure une « vie matérielle » tolérable. Plus l'homme domine le monde extérieur, moins il se domine lui-même ; son « centre de gravité » et sa « base d'équilibre » lui deviennent extérieurs, tellement il se situe dans les choses, dans les appareils dont il dépend matériellement pour exister : « Il ne serait pas excessif de dire que plus l'homme en général parvient à la maîtrise de la nature, plus l'homme en particulier est en fait esclave de cette conquête elle-même » (G. Marcel, 1954, p. 44). Où va alors la techno-science ? Que veut la techno-science si ce n'est coloniser et dominer l'homme et l'univers ? Quelle éthique ? Quelle sagesse pour réguler, pour moraliser et spiritualiser son pouvoir prométhéen, démesuré et expansionniste ? Telles sont les questions pour lesquelles nous tenterons de fournir une réponse.

I - Techno-science et Idéologie

> Qu'advient-il de l'homme – et du sens de l'homme –, quand il accède à un tel pouvoir ? Jusqu'à quel point l'homme se change-t-il lui-même en changeant son pouvoir sur les choses ? (P. Ricœur, 2003, p. 67).

Ces interrogations angoissantes, inquiétantes et bouleversantes de Paul Ricœur mettent en lumière le caractère dominant et triomphant de la techno-science sur le monde et sur l'homme. Et, Dieu seul sait où va le monde, l'homme de moins en moins. Dieu seul sait où va un monde dans lequel des hommes, de moins en moins maîtres d'eux-mêmes, de leurs passions, de leurs tendances, sont de plus en plus maîtres des « passions physiques » du cosmos. De plus en plus, le progrès techno-scientifique devient le modèle suivant lequel on tend à penser l'univers, c'est-à-dire que les catégories suivant lesquelles ce progrès se constitue sont celles dont on *prétend* se servir pour se former de l'univers et de l'homme une « conception objective ». La techno-science tend donc à constituer le monde et l'homme à *son image* : elle est *conquérante* et *dominatrice*. Et c'est en ce sens que Herbert Marcuse parle de la « rationalité technologique » comme une « logique de la domination » :

> La société s'est reproduite dans un ensemble de choses et de relations qui étaient de plus en plus techniques, y compris le fait qu'on a utilisé l'homme techniquement ; en d'autres mots, la lutte pour l'existence, l'exploitation de l'homme et l'exploitation de la nature sont devenues de plus en plus scientifiques et rationnelles. La double signification de la « rationalisation » doit être placée dans ce contexte [...]. La rationalité technique et scientifique et l'exploitation de l'homme sont liées l'une à l'autre dans des formes nouvelles de contrôle social (H. Marcuse, 1970, p. 187).

Nous sommes ici en présence d'un « immense système » qui tend vraisemblablement à sa propre consolidation, de sorte que l'on voit mal – logiquement – quels éléments pourraient venir l'altérer en son principe. C'est donc une certaine forme de « planification universelle » du monde et de l'homme que veut instaurer la techno-science. Mais, aux yeux de Gabriel Marcel :

> L'homme ne peut ne pas se considérer comme faisant partie de ce cosmos, ou plus exactement de cet a-cosmos mis en coupe par

> les techniques ; dès lors on le verra tomber de plus en plus sous le coup de savoir-faire qui, en principe, ne devait s'exercer que sur le monde extérieur (G. Marcel, 1954, p. 31-32).

Mais, c'est finalement un véritable « pan-technicisme » qui se développe sous nos yeux, ou si l'on veut, une émancipation générale des techno-sciences qui porte réellement atteinte à la vie considérée dans son sens le plus profond. L'humanité est par conséquent en charge d'un développement technique dont elle doit absolument *prévenir les risques* ; elle est collectivement *responsable* de son *avenir*.

C'est précisément à partir de la représentation objectivante du monde que se sont constituées les sciences et les techniques. Il serait donc fallacieux et insensé de ne pas voir que la techno-science *domine tout*, qu'elle veut seule rendre des services définitifs. Il semble, aujourd'hui, que nul homme, nulle institution désormais n'aura une « autorité durable » s'il ne se conforme à ses enseignements. Pour des penseurs comme Herbert Marcuse et Jürgen Habermas, cette domination est sous-tendue par l'idéologie :

> Quelle est en effet, selon Habermas, l'idéologie dominante du temps présent ? Sa réponse est proche de celle de Herbert Marcuse et de celle de Jacques Ellul : c'est l'idéologie scientifico-technologique. [...] La société industrielle moderne, selon Habermas, a remplacé les légitimations traditionnelles et les croyances de base utilisées comme justification du pouvoir par une idéologie de la science et de la technologie. L'État moderne, en effet, n'est plus un État voué à représenter les intérêts d'une classe opprimante, mais à éliminer les dysfonctionnements du système industriel (P. Ricœur, 1998, p. 413).

Il n'est pas étonnant de constater, effectivement, que la science moderne exige des capitaux gigantesques dont seul un État peut disposer. L'État peut ici s'approprier les moyens d'action colossaux mis au point par les savants, car il tient en même temps en main une « puissance colossale ». De plus, si cet État s'est fixé sur une *idéologie* particulière, on voit bien les conséquences désastreuses pour l'humanité. Jürgen Habermas a bien vu à ce sujet que :

> L'orientation du progrès technique dépend de nos jours dans une large mesure des investissements : aux États-Unis, le ministère de la Défense et la N.A.S.A sont les deux plus importants commanditaires en matière de recherche scientifique. Je suppose

> qu'on a une situation analogue en Union soviétique (J. Habermas, 1973, p. 92).

Si donc, le pouvoir ou l'État se concentrait, par exemple, sur une « politique d'eugénisme racial », on voit mal comment cet État se refuserait la pratique déjà courante de l'euthanasie sur des êtres « inaptes à la lutte pour la vie ». On se rend bien compte aujourd'hui que « le pouvoir mettant à même de disposer techniquement de la nature, qui est dû à la science, est maintenant directement étendu à la société elle-même » (J. Habermas, 1973, p. 86). En outre, si les États sont assez riches pour financer les grands laboratoires de recherches où s'élabore la « nouvelle physique », il n'est cependant pas étonnant de voir que dans un monde livré à des impérialistes rivaux, ces mêmes États, ces Léviathans, pour employer le terme de Hobbes, sont inévitablement portés à exiger que ces recherches soient orientées vers tout ce qui peut accroître leur puissance dans les conflits à venir. Il faut déclarer en ce sens que « l'étatisation de la science et de la technique » est sans aucun doute une des pires calamités de notre temps (G. Marcel, 1991, p. 58).

Dans un monde ruiné par d'innombrables guerres, la production excessive des armes de plus en plus « effroyables et inhumaines », et les possibilités « maléfiques » qu'elles représentent, est le *gain* par excellence de la techno-science moderne. Quelques soient les tentatives, les raisons qu'on ait faites par le passé pour les justifier, ou du moins pour leur reconnaître une « valeur spirituelle », il faut proclamer que ces guerres, avec leurs visages d'aujourd'hui, sont le *péché* même :

> Il n'y aurait, encore une fois, aucun sens à regarder la technique comme étant par elle-même une expression du péché. Il est d'ailleurs assez visible qu'au point de l'histoire où nous sommes parvenus, aussitôt que cèdent, que fléchissent pour une raison ou pour une autre les techniques sur lesquelles repose la vie civilisée, le retour à la barbarie s'opère avec une déconcertante rapidité (G. Marcel, 1991, p. 47).

Comment ne pas avouer son indignation en présence d'innombrables attentats dont sont victimes des innocents de part le monde ? Pensons en particulier aux femmes et aux enfants qui sont morts dans les camps d'extermination pendant la seconde guerre mondiale, au génocide du Rwanda, la guerre qui ravage depuis des années la Syrie, etc. Il serait difficile pour Gabriel Marcel et à tous ceux qui sont en quête de l'*humain* en l'homme de trouver des arguments en faveur de ce qu'il a appelé un « forfait général contre la vie ». Si la guerre est aujourd'hui, de plus en plus, « affaire des techniciens », elle semble présenter ce double caractère « d'anéantir » des populations entières, et d'être conduite par un « petit nombre d'individus » puissamment outillés, dirigeant les opérations « du fond d'un laboratoire ». Si la guerre est donc ce *péché* contre la vie, ce péché est lié de la façon la plus étroite à une certaine « représentation technique du monde » :

> Ne retrouvons-nous pas la notion séculaire du péché telle qu'elle apparaît dans toutes les traditions religieuses quelles qu'elles soient : je veux dire le péché comme orgueil, comme hybris, et au fond comme révolte ? Et j'inclinerais à me demander aujourd'hui si l'hypertrophie des techniques qui s'est produite depuis un siècle ne tendrait pas à la constitution de ce qu'il faudrait appeler un corps de péché, par opposition au corps de lumière dont la charité est le seul principe. Le problème tragique qui se pose à l'homme d'aujourd'hui est de savoir s'il assumera ce corps de péché, comme on hisse un fardeau sur ses épaules, au point de se confondre en quelque sorte avec lui et d'affronter les représailles qu'appelle sans doute sur lui l'esprit de démesure et de présomption (G. Marcel, 1991, p. 66).

Selon le philosophe, dès que l'homme projette sur le monde la lumière d'une *connaissance technicisée*, une image de plus en plus monstrueuse lui est renvoyée, et du monde et de lui-même. Il faut reconnaître que même au niveau de l'État et de la *vie internationale*, les incidences d'un développement qui tend de plus en plus vers l'identification de la science et de la puissance, la différence entre science et technique devient pour ainsi dire nulle. Car, « dans un monde où s'affirme l'hégémonie absolue des États ou des groupes d'États, comment la tentation ne serait-elle pas irrésistible de confisquer au profit de ces puissances monstrueuses les avantages prodigieux que confère la propriété de telle invention, de tel brevet ? » (G. Marcel, 1991, p. 58).

Où va donc l'homme ? Quel avenir pour l'homme contemporain ? Si l'avenir de l'homme nous semble incertain, celui-ci court un grand danger : celui de son *avilissement total*. Ce qu'il y a en effet d'immanent dans la « nature » de la technique, c'est la possibilité d'être utilisée pour « avilir » l'homme. L'homme court le risque d'être réduit à ce qui, en lui est manipulable techniquement ; ainsi, et d'autant plus avili qu'il tendra à s'identifier à ce qu'il croit être. Si Gabriel Marcel a parlé des « techniques d'avilissement », c'était, de prime abord, pour évoquer l'emploi massif, systématique, qui en a été fait par les nazis dans les camps de concentration. Mais aussi il a voulu montrer que le développement hyperbolique des techniques a généré une « pluralité » de ces mêmes techniques qui ont conduit à la dégradation de l'être humain :

> J'entends par techniques d'avilissement l'ensemble des procédés délibérément mis en œuvre pour attaquer et détruire chez les individus appartenant à une catégorie déterminée le respect qu'ils peuvent avoir d'eux-mêmes, et pour les transformer peu à peu en déchet qui s'appréhende lui-même comme tel, et ne peut enfin de compte que désespérer, non pas simplement intellectuellement, mais vitalement, de lui-même (G. Marcel, 1991, p. 46-47).

Il est clair que les milliers d'hommes, de femmes et d'enfants déportés et exterminés dans les camps d'Auschwitz apparaissaient aux yeux de leurs persécuteurs comme des sous-hommes. Les *techniciens* qui avilissaient, cherchaient à tout prix à souiller la *dignité* de ces êtres ; ils s'employaient à détruire chez eux la conscience qu'ils pouvaient avoir au départ de leurs propres valeurs. Il fallait donc que ces hommes deviennent ce qu'on jugeait d'eux ; il fallait que ceux qui, effectivement, ne valaient rien, reconnaissent leur « propre néant », et il ne suffisait pas qu'ils l'aperçoivent intellectuellement : il fallait encore qu'ils le *sentent profondément*. Même si l'exemple des camps de concentration n'est qu'un cas limite, il y a lieu de marquer fortement que dans un monde déchiré par les rivalités ethniques et raciales, par les extrémismes de toutes sortes, l'*autre* n'est plus considéré que comme un être inférieur, comme « un moins que rien ».

> Quand on détient « un moyen à peu près infaillible de mettre celui qu'on tient à sa merci dans une situation où il cesse d'être un adversaire avec qui il fallait compter, pour devenir un souffre-douleur, comment à la première occasion, ou si l'on veut à la moindre provocation, ne recourrait-on pas à un procédé aussi efficace ? » (G. Marcel, 1991, p. 37).

Il semble donc qu'un monde où les techniques d'avilissement s'exercent d'une façon généralisée, c'est-à-dire par la *propagande*, les manipulations psychologiques et l'idolâtrie, est un monde où, *humainement parlant*, l'action de la *grâce* ne peut interrompre ce « circuit infernal » de « représailles » et de « contre-représailles ». Il semble aussi que l'homme, s'il ne veut pas s'exiler de ce monde techniquement déshumanisé, dépersonnalisé, doit trouver refuge dans ce *corps de lumière* où baigne la charité :

> Mais ce n'est que dans le recueillement, on peut l'affirmer, que peuvent prendre naissance et se rassembler les puissances d'amour et d'humilité susceptibles de contrepeser à la longue l'orgueil aveugle et aveuglant du technicien enfermé dans sa technique (G. Marcel, 1991, p. 40).

II - L'*hybris* techno-scientifique

S'il est incontestable que la maîtrise des forces de la nature par des techniques de plus en plus élaborées constitue pour l'homme une *libération authentique* et doit être saluée comme telle, il n'est pas moins vrai que cette libération prend inévitablement un caractère asservissant, avilissant. C'est dans cette contradiction essentielle que réside, selon notre penseur, le « drame de la civilisation industrielle ». La technique crée en effet pour les hommes des modes de vie artificiels qui les détachent de leurs liens naturels et les asservissent à des pressions peu humaines : rythme de travail, découpage des tâches, répétition mécanique et monotonie des services, etc.

Evandro Agazzi a fortement souligné l'impact asservissant et terrifiant de la techno-science, de la manière que voici :

> Depuis que la technique a appelé la science moderne « à lui servir de base, elle s'est muée petit à petit en une entreprise visant à la construction d'un « monde artificiel » selon les critères de l'utile et du profit. Aujourd'hui elle se manifeste de plus en plus comme l'aspiration à réaliser tous les possibles et ce faisant elle est en train de devenir la terreur de l'homme » (E. Agazzi, 1987, p. 13).

Cet asservissement est encore plus manifeste quand par exemple le rythme même du travail de l'homme dépend fortement de celui des machines. Cette aliénation, Gabriel Marcel en diagnostique les causes :

> Entre l'appareil et son possesseur ne s'établit pas du tout la relation vivante et en quelque sorte pré-spirituelle qui existe entre

un paysan et sa terre, avec l'extraordinaire échange que comporte la culture. Mais dans le monde où triomphe la technique, n'est-ce pas l'échange lui-même qui se trouve dévalorisé, justement parce qu'il n'est pas mécanique et comporte une possibilité infinie de déception ? (G. Marcel, 1991, p. 67).

Mais l'*hybris*, l'orgueil, la démesure et l'*illusion* techno-scientifique empêchent et voilent la triste réalité humaine, ignorent le *malaise* de l'homme soumis à sa toute-puissance. L'*hybris* techno-scientifique est nourri et vivifié par l'*utopie* et l'esprit *scientiste*. L'utopie évade et exile le techno-scientifique de la réalité, et l'esprit scientiste l'enferme à jamais dans son île imaginaire. Descartes, Galilée, Gassendi ou Bacon ont succédé à Prométhée dans son rêve princier de gérance, de régence et gouvernance du monde et du Cosmos par la connaissance techno-scientifique. Le projet utopique consiste alors à *domestiquer* l'homme et la société toute entière :

Dans l'épistémè technico-scientifique classique, l'utopie ne peut plus apparaître comme une manière de se retirer de l'histoire, mais au contraire comme une tentative de créditer l'histoire d'un actif indispensable, puisque source d'un épanouissement de l'homme. L'utopie, en intégrant les innovations techniques, en proposant de domestiquer la société, fait de la technique un instrument social. A partir de la réussite d'une para-nature, permise par les ingénieurs galiléens, elle veut changer le cours de l'histoire en contribuant à créer une hyper-société, dont les utopistes seraient à la fois les prophètes et les princes. Ainsi l'accès au monde idéal n'est plus abandonné aux caprices d'une nature animiste, à présent réduite aux lois scientifiques, mais est confié aux ingénieurs des âmes qui se proposent d'installer l'homme dans une mégapolis, substituée au paradis perdu (J.-J. Wunenburger, 1979, p. 126).

De plus, la mentalité scientiste gangrène la science véritable et la pensée philosophique. Pour Gabriel Marcel, elle est manifeste chez des penseurs comme Ernest Renan et Léon Brunschvicg. En effet, il est caractéristique de voir se développer chez de tels esprits une véritable *idolâtrie* de la techno-science :

On pourrait dire tout simplement que le progrès technique expose l'homme au danger de l'idolâtrie. L'homme ne s'en rend pas compte parce qu'il se fait de l'idolâtrie une image enfantine dont

> il est dupe ; l'idolâtrie consiste à ses yeux à adorer de petits fétiches grotesques (G. Marcel, 1991, p. 47).

> Des hommes comme Bachelard et Jung, ont, je crois, écrit sur l'astrologie et c'est à cette catégorie d'esprits que j'appartiens. Il y a une sorte de scientisme négateur qui me paraît l'expression même de l'inertie intellectuelle (G. Marcel, 1965, p 47).

Mais la réalité est toute autre, car l'idolâtrie ou la « superstition » s'intègre, « s'enkyste » insidieusement dans les esprits les plus raisonnables. Car, comment ne pas voir dans *L'Avenir de la science* les traces les plus manifestes de l'idolâtrie de la techno-science ? Ernest Renan, dans ce texte, part du principe que sa « religion », c'est toujours le *progrès de la raison*, c'est-à-dire de la science. Pour le penseur, seule la science est capable d'améliorer « la malheureuse situation » de l'homme ; c'est elle qui « renferme » l'avenir de l'humanité :

> ORGANISER SCIENTIFIQUEMENT L'HUMANITÉ, tel est donc le dernier mot de la science moderne, telle est son audacieuse, mais légitime prétention. [...] La raison, dis-je, prendra un jour en main l'intendance de cette grande œuvre, et après avoir organisé l'humanité, ORGANISERA DIEU (E. Renan, 1954, p. 34-35).

Ce « supranaturalisme absolu » est implacable, car l'*irrévérencieuse puissance* de la techno-science, portant sur le monde un « œil ferme et scrutateur » est par essence « coupable de lèse-majesté divine et humaine » :

> Oui, il viendra un jour où l'humanité ne croira plus, mais où elle saura ; un jour où elle saura le monde métaphysique et moral, comme elle sait le monde physique ; un jour où le gouvernement de l'humanité ne sera plus livré au hasard et à l'intrigue, mais à la discussion rationnelle du meilleur et des moyens les plus efficaces de l'atteindre (E. Renan, 1954, p. 44).

C'est une illusion, une véritable utopie, de croire que la techno-science peut tout prouver, tout démontrer, que tout doit se réduire et se résumer à son scientifique regard. L'idéalisme de Léon Brunschvicg exigence par exemple que la *vie spirituelle* soit soumise à une certain ensemble de conditions universelles en droit ; ce qui reviendrait à énoncer les normes d'*observabilité* et de *mesures*, qui sont celle de la science, à toutes les expériences humaines invisibles, telles que l'amour, la croyance, la foi, la joie esthétique, le sentiment du sacré :

> Croire ou vérifier, l'alternative est inéluctable. On joue sur la forme extérieure des mots quand on fait de l' « incroyance » un état négatif. L'incroyance est, chez le philosophe, une vertu positive, comme l'intrépidité chez le soldat. Et de fait c'est déjà une œuvre positive de parvenir à démontrer que la foi dans un ordre de réalité transcendante est d'autant plus subordonnée au plan du discours humain qu'elle a la prétention de le contredire plus directement et de le dépasser. C'est encore davantage une œuvre positive de réintégrer la certitude au vrai, en suivant jusqu'au bout l'idéalisme de la réflexion, qui s'interdit de concevoir, ou la vérité hors de la science, ou la science hors de la vérité (L. Brunschvicg, 1953, p. 744-745).

C'est cet « idéalisme de l'immanence » qui, selon Léon Brunschvicg, doit s'appliquer au monde moral et scientifique.

> L'homo sapiens aura donc l'immense tâche de transporter dans le « domaine de la vie morale et de la vie religieuse cette sensibilité au vrai, défiante et délicate, qui s'est développée en lui par le progrès de la science, et qui est le résultat le plus précieux et le plus rare de la civilisation occidentale. La vérité délivre, à la condition seulement qu'elle soit véritable » (L. Brunschvicg, 1953, p. 756).

Ainsi, l'idéalisme intrépide de Léon Brunschvicg est, selon Gabriel Marcel, une sorte « d'intolérance radicale » qui dénie tout droit de cité à toute affirmation empirique ou social qui s'exprime par le « Je crois ». Or, le monde techno-scientifique, technocratique, est un monde limité et *problématique* ; le monde de la foi, de l'amour, du sentiment du sacré, relève du *mystère*, *méta-problématique*, inhérents à l'existence humaine (G. Marcel, 1935, p. 162) : « Le philosophe ou le sage n'a pas à prendre en charge ce monde technocratisé ; il ne pourrait le faire qu'en s'en faisant l'esclave. L'idéal qui a séduit Comte ou Renan, un certain Renan, est une chimère et d'ailleurs une tentation » (G. Marcel, 1991, p. 164).

Conclusion

Quelle éthique ? Quelle sagesse pour l'homme contemporain qui vit sous le joug croissant de l'*hypertrophie* de la techno-science ? Ce monde techno-scientifisé à outrance, technocratisé, n'est-il pas foncièrement *blessé*, *brisé*, *cassé*, *disloqué* ? Pour les philosophes comme Hans Jonas et Paul Ricœur, une *éthique de la responsabilité* est plus que jamais nécessaire pour l'agir techno-scientifique. Cette éthique doit s'ériger en *riposte* constructive ; en véritable *principe de responsabilité* afin de « *diriger l'auto-contrôle, toujours plus nécessaire de [la] puissance démesurée* » (H. Jonas, 1974, p. 171), de l'emprise et du pouvoir de la techno-science dans le monde contemporain. Comme le note si bien Paul Ricœur :

> Le fait que nous puissions craindre pour l'homme, discerner des périls pour l'homme, parce que la science de l'homme commence et avance, ce fait même atteste la puissance d'enveloppement mutuel du savoir et de l'éthique. Ces craintes pour l'homme – qui dégénèrent chez tant de nos contemporains en peur et en désespoir – sont salutaires dans la mesure où elles attestent que la vérité éthique est la riposte de l'homme au progrès de son savoir, que la vérité éthique est, pour tout dire, la vigilance même de cet homme, au cœur de son monde perçu, parmi les autres hommes (P. Ricœur, 2001, p. 196).

Chez Gabriel, l'homme vit dans un véritable « monde cassé », monde du « déclin de la sagesse ». Dans ce monde en péril, l'existence humaine n'est plus qu'un « immense holocauste » spirituel. Car, le drame de l'homme, c'est d'avoir rompu avec son « centre spirituel », son *devenir-être originel*. C'est pourquoi, la *sagesse* authentique, dans ce monde cassé, s'est aussi disloquée : « la sagesse, prise dans la fonction médiatrice qui a été la sienne au cours des âges, me paraît subir aujourd'hui des pressions telles qu'elle tend à éclater littéralement, à se disloquer » (G. Marcel, 1954, p. 77).

Si la sagesse doit orienter l'homme dans sa manière de vivre, dans la prudence et le discernement, il est regrettable de constater que l'homme techno-scientifisé vit dans une insécurité spirituelle sans précédent :

> Mais contre quoi la sagesse, en tant que telle, est-elle normalement appelée à se porter ? Contre l'hybris, contre l'orgueil. Là où le contrepoint fait défaut, les techniques

> s'abandonnent en quelque sorte à leur propre poids, s'alourdiront d'une charge d'orgueil qui ne fait nullement partie de leur essence (G. Marcel, 1954, p. 26).
>
> Si nous nous référons à l'histoire de la pensée humaine, note Gabriel Marcel, nous ne manquerons pas de constater que la Sagesse est d'un tout autre ordre, et même qu'elle est métatechnique dans la mesure où elle implique bien souvent la mise en question des techniques, de toute technique (G. Marcel, 1968, p. 291).

Il est donc urgent de redonner sens et vie à l'homme contemporain englué, emprisonné dans le monde des objets, artefacts techno-scientifiques ; monde qui le détourne inexorablement du mystère même de la vie et du sacré : « Il y a sagesse partout où un homme tend, ne disons pas à organiser, mais à ordonner sa vie autour d'un centre par rapport auquel ce qui ne relève que du souci de se maintenir dans l'existence ou des intérêts qui s'y rapportent apparaît comme périphérique et subordonné » (G. Marcel, 2006, p. 27). C'est pourquoi, la sagesse que Gabriel Marcel préconise, est fondamentalement une *sagesse tragique*, *militante* et *pieuse* :

> J'avais dit plus haut que la seule sagesse possible aujourd'hui était tragique, on peut dire aussi qu'elle ne peut être que militante, et qu'elle ne saurait ressembler en rien à l'espèce de confort moral dans lequel s'établirent par le passé tant d'hommes qui n'étaient guère que des retraités de la vie. Il n'est manifestement pas possible d'évoquer cette sagesse tragique sans se référer au thème de l'angoisse qui a tenu une si grande place dans le développement de la pensée existentielle depuis Kierkegaard (G. Marcel, 1964, p. 13).

Le monde techno-scientifisé, technocratisé, est aussi le monde de l'*Avoir*, de l'abondance des richesses ; ce monde paradoxal est celui du *refus* de l'*être*, de l'autre et de l'Être. Il est en perpétuel conflit ; c'est un monde en *crise*. Crise existentielle, crise du *sens*, crise spirituelle. Or, l'homme contemporain, lucide et courageux, doit entrevoir que le néant le guette ; il doit œuvrer à la spiritualisation du monde cassé, car « ce qui risque encore de tromper l'homme d'aujourd'hui, tout au moins l'homme occidental, c'est l'abondance dans laquelle il vit et qui lui fait confondre les moyens et les buts de l'existence. La soif spirituelle semble ne plus l'altérer » (M. Davy et N. Berdiaev, 1991, p. 166). Nous vivons dans un monde de plus en plus *sécularisé* ; scientifiquement et techniquement *désacralisé*. Toute la philosophie de Gabriel Marcel est une invitation permanente au *mystère de l'être*, un *appel* éperdu et intime lancé à travers les nuées de l'existence à *Celui qui est* Amour, Être et Toi Absolu :

> Je ne forcerai donc guère ma pensée en disant que c'est d'exorcisme que le monde a besoin. Mais il est tout à fait évident que ce mot risque d'induire en erreur et qu'il ne saurait s'agir ici de formules dont l'essence serait à quelque degré magique. La seule puissance d'exorcisme authentique que notre pensée puisse reconnaître, c'est l'amour, mais encore faut-il que cette puissance s'incarne. Or, nous savons, depuis deux mille ans, que si cette incarnation est possible, c'est au niveau le plus humble. Il doit exister un Bethléem de la réflexion et de la ferveur, et c'est là, à mes yeux, le seul centre d'aimantation authentique d'une réflexion qui ne veut à aucun prix tomber dans les pièges d'une certaine idéologie ou, pis encore, d'une niaise sentimentalité (G. Marcel, 1954, p. 38-39).

Références Bibliographiques

GABRIEL Marcel, 1935, *Être et Avoir*, Paris, Aubier, coll. « Philosophie de l'Esprit ».

GABRIEL Marcel, 1954, *Le Déclin de la Sagesse*, Paris, Plon.

GABRIEL Marcel, 1964, « La sagesse à l'âge technique », *La Table Ronde*, n°197, Paris, S. E. P. A. L.

GABRIEL Marcel, 1965, « Débat sur l'essentiel », *Janus. L'homme, son Histoire et son Avenir*, n°8, *Science ou prescience de l'avenir*, Paris, Nouvelle Librairie de France et Robert Laffont.

GABRIEL Marcel, 1968, *Pour une Sagesse tragique et son au-delà*, Paris, Plon.

GABRIEL Marcel, 1973, *Percées vers un ailleurs*, Paris, Fayard, coll. « Théâtre ».

GABRIEL Marcel, 1991, *Les Hommes contre l'humain*, Nouvelle Édition sous la direction de Jeanne Parain-Vial, Préface de Paul Ricœur, Paris, Édition Universitaires, coll. « Philosophie européenne ».

GABRIEL Marcel, 2006, *Science et Sagesse*, Paris, Présence de Gabriel Marcel.

Autres Auteurs

AGAZZI Evandro, 1987, *Philosophie, science, métaphysique*, Fribourg, Éditions Universitaires de Fribourg.

BRUNSCHVICG Léon, 1953, *Le Progrès de la conscience dans la Philosophie contemporaine*, tome second, 2e édition, Paris, PUF, coll. « Bibliothèque de Philosophie contemporaine ».

CHRETIEN Claude, 1991, *La science à l'œuvre. Mythe et limites. Essai et textes*, Paris, Hatier, coll. « Philosopher au présent ».

DAVY M.-M. et BERDAIEV N., 1991, *l'homme du huitième jour*, Paris, Flammarion, coll. « Homo Sapiens ».

HABERMAS Jürgen, 1973, *La technique et la science comme « idéologie »*, trad. fr., de Jean-René Ladmiral, Paris, Gallimard, coll. « Tel ».

HORKHEIMER Max et ADORNO Theodore, 1947, *La dialectique de la raison*, Paris, Gallimard.

HOTTOIS Gilbert, 1998, *De la Renaissance à la Postmodernité. Une histoire de la philosophie moderne et contemporaine*, Paris, Bruxelles, De Boeck Université, coll. « Le Point philosophique ».

HOTTOIS Gilbert, 2002 « La technoscience : entre technophobie et technophilie », *Université des tous les savoirs. La Philosophie et l'Éthique*, vol. 11, Sous la direction d'Yves Michaud, Paris, Odile Jacob/Poches.

HOTTOIS Gilbert, 2006 « La technoscience. De l'origine du mot à son usage actuel », *Regards sur les technosciences*, Sous la direction de Jean-Yves Goffi, Paris, Vrin, coll. « Pour demain ».

JONAS Hans, 1974, « Technologie et responsabilité. Pour une nouvelle éthique », *Esprit*, n°438, septembre.

LECOURT Dominique, 1994, *Contre la peur. De la science à l'éthique, une aventure infinie* suivi de *La critique de l'Appel de Heidelberg*, Paris, Hachette, coll. « Les Grandes questions de la Philosophie ».

MARCUSE Herbert, 1970, *L'homme unidimensionnel. Essai sur l'idéologie de la société industrielle avancée*, trad. fr., Monique Wittig, Paris, Éditions de Minuit, coll. « Points ».

RENAN Ernest, 1954, *L'Avenir de la science, Extraits*, Paris, Librairie Larousse.

RICOEUR Paul, *Histoire et Vérité*, 2001, Paris, Seuil, coll. « Points-Essais ».
RICOEUR Paul, 1998, *Du Texte à l'action. Essai d'herméneutique II*, Paris, Seuil, coll. « Points Essais ».
RICOEUR Paul, « L'aventure technique et son horizon planétaire », *Autres Temps. Cahiers d'éthique sociale et politique*, n°76-77, *Paul Ricœur. Histoire et Civilisation. Neuf textes jalons pour un christianisme social*, printemps 2003.
WUNENBURGER Jean-Jacques, 1979, *L'utopie ou la crise de l'imaginaire*, Paris, Jean-Pierre Delarge, coll. « Encyclopédie Universitaire ».

L'éthique kantienne à l'épreuve du débat sur la bioéthique : le cas de l'euthanasie

Rodrigue MAKAYA MAKAYA

> Depuis le début des années 1980, les questions de morale ou d'éthique sont en revanche redevenues fortement présentes dans le champ social. En témoignent de façon particulièrement frappante les questions soulevées à l'infini par l'essor des biotechnologies […] et relevant de ce qu'on appelle la bioéthique. Parce que ces possibilités inédites font surgir des multiples cas de conscience aussi bien pour les experts que pour les particuliers, la relation à la sphère des valeurs morales s'est aujourd'hui, de nouveau, complexifiée (A. Renauld, 2000, p. 12).

Introduction

Il est certain que les *Leçons d'éthiques* (Emmanuel Kant, 1775 et 1780) sont essentielles pour comprendre la philosophie morale de Kant dans la mesure où elles préfigurent dans les *Fondements de la métaphysique* quelques années plus tard la distinction entre *pratique et libre conduite*, c'est-à-dire la distinction entre ce qui relève de la *loi* et ce qui relève du *libre arbitre*. Et l'essor des biotechnologies aujourd'hui nous plonge au cœur de cette distinction, plutôt au cœur de ce qui apparait maintenant comme une *confusion* entre ces deux domaines. La confusion naît du fait qu'on associe de plus en plus l'éthique à au débat qui a lieu autour du développement de la biotechnologie. Or, en associant l'éthique à ce débat, on a appelé implicitement à la philosophie, donc à la morale d'interférer dans un domaine hautement technique, certes sur un angle pratique. Mais la bioéthique est une question tellement complexe et spécialisée que nous ne voyons pas ce qu'on pourrait en dire au-delà des généralités comme l'obligation de respecter la personne, que la personne n'est pas une chose, que sa dignité est une qualité absolue.

En soulevant ces généralités, nous nous trompons sur l'orientation éthique et sur la pertinence des questions que nous devrons normalement nous poser dans ce débat. Et nous les philosophes, depuis quelque temps, prenons trop des libertés à juger ce que font les experts plus tôt qu'à s'interroger sur *leur liberté de faire ce qu'ils ont à faire*. Ce que nous devons davantage apporter comme contribution à ce débat, c'est de réfléchir plus tôt sur *l'idée d'une éthique de la liberté scientifique* comme proposition formelle si l'on veut rapprocher les questions biotechniques à la sphère des valeurs morales et non sur les actes que posent les experts en biotechniques par exemple. Mais pourquoi devrons-nous faire la promotion de l'idée d'une éthique de la liberté ? Comment une telle idée peut servir de fondement rationnel à un discours sur les pratiques médicales par exemple ?

Dans cette étude, nous voulons monter que les fondements kantiens de l'éthique nous donnent de quoi comprendre que les questions d'ordre moral sont liées à la liberté, dans la mesure où cette dernière, au sens positif, présuppose toujours l'autonomie de la volonté ; puisque l'autonomie est le fondement de la moralité et une manifestation de la liberté de l'homme comme être raisonnable. Avec les fondements kantiens, nous pouvons faire face aux questions soulevées par la bioéthique comme l'euthanasie qui nous plongent, nous philosophes, dans une certaine tourmente aujourd'hui, tourmente qui consiste à oublier parfois notre rôle : dans la question de l'euthanasie par exemple qui est une question très complexe, certains philosophes s'érigent en *moralistes*, oubliant que nous manquons parfois *d'autorité scientifique* pour y faire face d'autant plus qu'elle désigne avant tout un *acte* médical. Ce que nous ne percevons pas toujours, c'est que l'euthanasie en tant que pratique médical se pose au philosophe comme un « cas » de conscience, comme quelque chose qui nous installe d'emblée dans le particulier et non dans l'universel. Certes, comme le pensait Kant, l'éthique doit examiner, sous l'angle critique, les présupposés et les sources de ce qui est moral ; ce qui veut dire qu'elle doit chercher à connaître les principes qui fondent toutes les normes et les actions morales, tout en déterminant ce que lui-même appelle la « forme » du moral ou bien ce qui forme la « vraie » moralité. Mais nous devons tout de même distinguer le particulier de l'universel pour ne pas sortir de notre champ, celui de la liberté et de la raison, avec pour risque de ne pas saisir ou trop bien comprendre les objets qui sont dans le champ de la liberté *éthique*. Il faut donc de la prudence dans ce qu'il convient de regrouper ici sous le champ de la *casuistique éthique*, dès lors que l'éthique :

> En raison de la latitude qu'elle accorde à ses devoirs imparfaits, conduit inévitablement à des questions qui engagent la faculté de juger à décider comment appliquer une maxime dans des cas particuliers, et cela de telle manière que cette maxime fournisse à son tour une maxime (subordonnée à propos de laquelle on peut toujours, à nouveau, chercher un principe de son application au cas donné) ; et ainsi elle tombe dans une casuistique dont la doctrine du droit ignore tout. [...] la casuistique n'est donc ni une science, ni une de ses parties, il s'agit alors d'une dogmatique, et elle n'est pas une doctrine enseignant comment quelque chose est trouvé, qu'un exercice apprenant comment on doit chercher la vérité (E. Kant, 1986e, p. 696-697).

Cette référence de la doctrine de la vertu illustre parfaitement notre prudence, car, même si Kant admet qu'il y a bien des questions casuistiques, il s'aperçoit très vite des limites que soulèvent ces questions que ne dépasse pas son universalisme pratique. Et si Kant cherche, malgré tout à résoudre ces questions casuistiques comme celle du suicide par exemple, c'est parce qu'il souhaite et espère un développement de *l'éthique de la liberté scientifique* en permettant à chaque individu de chercher la vérité en appliquant des maximes à caractère « universel ». Ce pourquoi on ne manque pas souvent de convoquer Kant dans le cas de l'euthanasie de nos jours, cas que l'on approche de celui du suicide, surtout pour évoquer la relation à l'asphère des valeurs morales comme le note justement Alain Renaut. Manifestement, est-ce que les fondements kantiens ont de quoi apporter satisfaction dans la « querelle » sur l'euthanasie par exemple ? Dans tous les cas, il nous revient de demeurer dans les limites des fondations kantiennes pour ne pas nous éloigner de la rationalité critique dont doit dépendre normalement la sphère des valeurs éthiques et morales. Dans ce travail, nous ne ferons pas la distinction entre éthique et morale pour désigner par-là, la sphère des valeurs et du discours sur ces valeurs. Nous voulons souligner ici, le fait que ces deux mots (éthique et morale) renvoient en effet au même objet, à savoir la sphère des mœurs et la façon de vivre (A. Renauld, 2000, p. 13).

1 - L'euthanasie, le suicide et le principe de l'amour de soi

Nous assistons aujourd'hui à un développement sans précédent des biotechnologies (procréation médicalement assistée, transplantation d'organes, clonage), un développement qui ne vont pas sans poser des problèmes éthiques et moraux à résoudre. Certes la bioéthique est très difficile de définir avec exactitude ce qu'est la bioéthique, mais nous pouvons fixer le cadre social et déterminer, sans dogmatisme, son *sens moral*. En effet, « la bioéthique pourrait être définie comme une discipline nouvelle qui s'interroge, en termes éthiques, sur le progrès de la médecine et de la biologie. Elle est née de la nécessité pour nos sociétés de ne plus permettre aux médecins, aux chercheurs et aujourd'hui aux bio-techniciens, de jouer aux "apprentis sorciers" », assure G. Feldmann (2010, p. 12) dans un ton qui frappe notre manière de penser.

Manifestement, ce genre des propos accablent le philosophe que je suis, dès lors qu'un grand nombre des philosophes s'estiment être les seuls penseurs « légitimes » à se prononcer sur les cas de consciences que peuvent susciter l'essor des biotechnologies par exemple, oubliant trop souvent que les experts eux-aussi, tout comme d'autres « amis de la science » ont, eux aussi, un mot à dire à ce sujet, surtout qu'il s'agit avant tout des nouveaux cas à « examiner » ensemble. Nul ne doit être exclut du débat sur les mœurs ou sur des valeurs morales puisqu'il s'agit avant tout d'un débat qui concerte au premier chef tout le genre humain. L'esprit de liberté et d'ouverture doivent dominer ce genre de débat pour que les uns et les autres échangent ensemble sur des sujets qui les concernent tous.

Le débat sur l'euthanasie est aujourd'hui un parfait exemple des ***prétentions*** éthiques et morales qu'ont certains philosophes sur la question ; surtout lorsqu'il s'agit de se prononcer sur « les limites de ce qui est moralement acceptable et sur ce qui doit être moralement condamné » dans ce cas. D'abord parce que l'euthanasie, désigne, dans une large mesure, l'acte médical consistant à provoquer « intentionnellement » la mort d'un patient dans le but de soulager ses souffrances physiques ou morales considérées comme insupportables pour les personnes. Ensuite, il faut voir dans cette *intention* « deux manières » de provoquer la mort ; ce qui ne facilite pas non plus l'appréciation d'un tel acte. Dans ce sens, on parle de l'euthanasie active et de celle dite passive. Active, c'est lorsque le médecin donne « intentionnellement » la mort au patient. Passive, lorsque le médecin « aide » un malade au suicide en lui évitant un acharnement thérapeutique inutile lorsque l'espoir de retour à la vie est nul.

Dans tous les cas, cette pratique est encadrée et légitimée par des législations en vigueur dans certains pays (en Occident, l'euthanasie active a été légalisée au Luxembourg en 2009, aux Pays bas en 2002, pour ne citer que ceux-là. En France et ailleurs, seule l'euthanasie passive est autorisée, sous condition du respect des lois qui la régissent ; et l'euthanasie active est passible de crime), tout comme, au nom de l'éthique, elle est condamnée ou interdite par la loi dans d'autres pays. Donner la mort « intentionnellement » ou aider au suicide, est désormais une pratique en cours dans le « monde médicale » qui suscite des interrogations éthiques et morales très profondes. Que les pratiques soient légales ou non, il n'est pas aisé pour le philosophe de se prononcer *sans détour* sur cette « pratique » médicale (l'euthanasie) ou encore d'en parler au nom des principes de la raison et conclure à un jugement ferme sur cette question si l'on ne prend pas garde de dire sur quoi se prononce-t-on. Autrement dit, à propos des questions éthiques et morales, on sait que le philosophe n'interroge pas l'acte ou l'action humaine, mais sa maxime.

L'action *relève* du droit, voire de la politique et non de la morale ou de l'éthique, au sens où le droit à ici valeur de limitation et de restriction contre les libertés « extérieures » et sans limites.

Chez Kant, comme le suicide, l'euthanasie est une question qui relève de la casuistique et se heurtent, pour cela, à l'épineux problème de la liberté. Autrement dit, ce qui relève de la casuistique est avant tout, un cas. Et un cas désigne, en général, un évènement particulier lié à des conditions particulières. Sur le plan moral, on range les « cas », chez Kant, sur le compte de l'amour de soi, c'est-à-dire cette tendance à se faire *soi-même* d'après les principes déterminants subjectifs de son arbitre. En clair, Kant pense, qu'un homme, à la suite d'une série des maux qui ont fini par :

> [...] le réduire au désespoir, ressent du dégoût pour la vie, tout en restant assez maître de sa raison pour pouvoir se demander à lui-même si ce ne serait pas une violation du devoir envers soi que d'attenter à ses jours. Ce qu'il cherche alors, c'est si la maxime de son action peut aussi devenir une loi universelle de la nature. Mais voici sa maxime : par amour de moi-même, je pose en principe d'abréger ma vie, si en la prolongeant j'ai plus de maux à en craindre que de satisfactions à en espérer (E. Kant, 1975, p. 138).

Ce qui ne veut pas dire que Kant exclut l'étude des « cas », au contraire. Mais, les cas sont toujours particuliers et pathologiques. Et, est pathologique, ce qui repose sur une affection subie, éprouvé, ce qui est déterminé ici par la sensibilité et s'oppose à ce qui est spontané et pratique, estime Kant. Comme « cas » de suicide, l'euthanasie « est condamnable » comme acte, seulement comme acte, dans la mesure où c'est un devoir de chaque individu membre du genre humain, par sa qualité de personne, que de conserver sa vie. De même que (en parlant du suicide bien sûr) « Anéantir en sa propre personne le sujet de la moralité revient à extirper du monde, au tant qu'il dépend de soi, la moralité dans son existence même, alors qu'elle est une fin en soi », affirme Kant (E. Kant, 1986e, p. 706-707). Et sur ce ton, comparativement au suicide par exemple, il est difficile, s'agissant de l'euthanasie, de faire entendre aux praticiens ce « point de vue » *pratique* sur ce « cas », dans la mesure où ce qui fonde ces derniers à recourir à cette pratique ce n'est pas d'abord « le devoir », mais l'amour de soi, l'amour pour soi « motivé» par ce que Kant appelle « l'épuisement de la patience dans la souffrance, à cause de la tristesse et du découragement qui épuisent lentement » les personnes « malades ».

Si Kant estime que le suicide est abominable et affreux, on ne dira pas autant pour l'euthanasie, comparativement, qu'elle soit active ou passive, dès lors où le « cas » de l'euthanasie, suppose un « acte » médicale moins « brutale » et non « abominable » que le suicide. Et cette pratique médicale n'est pas en vogue à l'époque où Kant méditait sur le suicide. Hélas. Mais si on ne cesse d'associer Kant à tous les débats qui touchent à l'existence des hommes sur terre, c'est parce que le débat sur l'euthanasie approche les questions sur le suicide, donc de la mort que l'auteur des trois Critiques considère d'abord comme un phénomène devant survenir « naturellement », au sens où, s'agissant de la mort :

> Nul ne peut faire l'expérience en lui-même (faire l'expérience en effet, cela réclame que l'on vive), c'est seulement chez les autres qu'on peut la percevoir […] Mourir semble être une réaction simplement mécanique de l'énergie vitale, peut-être aussi une douce sensation de libération graduelle de toute douleur » (E. Kant, 1986d, p. 985).

Que l'on retrouve un air épicurien dans ce propos ou l'influence d'une éducation « religieuse » chez Kant cela va de soi, mais ce n'est pas cela qui motive le jugement de ce dernier. Ce qui le motive, ce n'est ni l'expérience ni la foi, mais ***les conditions*** (souligné par nous de sorte à marquer la singularité kantienne sur cette question) dans lesquelles la mort doit survenir, c'est-à-dire comment cette mort qui concerne les personnes bien sûr, nous êtres raisonnables, doit être affrontée avec dignité et devoir, puisque dit-il, c'est un devoir de l'homme de par sa qualité de personne, que de conserver sa vie. Parce que, pour Kant, en recourant au suicide par exemple, c'est anéantir en sa propre personne le sujet de la moralité, ce qui revient de facto à « extirper du monde, autant qu'il dépend de soi, la moralité dans son existence même, alors qu'elle est une fin en soi » (E. Kant, 1986e, p. 706-707). Autrement dit, le suicide est condamnable au nom du devoir, c'est-à-dire au nom de la loi qui « brille » toujours en la personne jusqu'au dernier soupir. Au nom donc du devoir et donc de la liberté, le suicide est, selon Kant, affreux et condamnable. Précisément, nous voulons souligner ici le fait que pour Kant, quelques soit les conditions dans lesquelles *arrive* la mort, le devoir ne pas cesser de nous guider, nous êtres raisonnables.

2 - L'euthanasie entre droit et éthique

En général, le droit veille d'abord au respect des libertés en vue de faire régner la paix entre les individus. Mais *l'acquisition* des nouveaux droits comme les « droit des malades » (en France, en référence à la loi Léonetti du 22 avril 2005 relative au droit des malades) ouvre la voie à certains abus en biomédecine. Ce qui pose le problème de la *responsabilité* éthique ou morale des médecins se trouvant parfois engagés surtout lorsqu'il s'agit de décider du sort des malades *en fin de vie*. Le débat en ce moment est certes pratique, mais juridique et politique avant tout, sauf à considérer que l'éthique doit prédominer dans ce débat. Mais, en tant qu'il est d'abord juridique et politique, cela suppose que si le philosophe éthicien veut se saisir du débat, il devrait non pas juger l'acte « d'euthanasier », c'est-à-dire l'acte qui consiste à faire mourir quelqu'un, mais s'interroger sur la possibilité de construire une l'éthique de la liberté scientifique de sorte que les praticiens s'en réfèrent pour le choix de leurs maximes en la matière. Il faut admettre que l'euthanasie est pratiquée là où il existe une loi sur *la fin de vie*. Mais ce n'est pas loi elle-même qui ce qui fait polémique, c'est d'abord le fait que la mort est avant un sujet tabou dans nos sociétés. Plus qu'un tabou la mort ne nous appartient pas non plus, puisque dans certains cas (par exemple les cas où le malade est dans l'incapacité de revendiquer le droit à mourir lui-même), ce sont souvent ceux qui sont autour du lit qui décident du sort du malade en fin de vie.

L'euthanasie est avant tout un sujet de droit (voire politique) et au final une préoccupation éthique dans la mesure où le droit vise la paix, condition de l'éthique et de la morale, seulement condition. Autrement dit :

> La fin du droit - la paix -, n'est plus alors une question d'efficacité juridique ni d'utilité sociale, c'est une question d'éthique : la paix est une condition de la moralité, condition sans laquelle nous ne pouvons avoir d'intention morale car nous ne cherchons qu'à sauver notre vie. La paix, et donc l'obéissance au droit, est aussi par là condition du monde moral comme moralité réalisée, cette fin que les êtres sensibles peuvent ne pas envisager, parce qu'ils sont sensibles précisément, et que leurs efforts vertueux doivent être soutenus par l'espoir que les justes seront heureux (L. Vincenti, 2008, p. 206-241).

Postuler que l'euthanasie est avant tout une question juridique ne signifie pas qu'elle n'est pas une affaire d'éthique, loin sans faux. Nous voulons dire que l'euthanasie, en tant que pratique médicale (ou en tant qu'acte), relève d'abord du droit, parce que le droit légifère sur l'action et non sur la maxime. Dans l'ordre des choses ensuite, la morale quant à elle, si l'on peut le dire, « délibère » sur la maxime (c'est une règle que l'arbitre se donne lui-même pour l'usage de sa liberté). Or, on ne peut souhaiter qu'une action ou un acte devienne universel. Une action est toujours particulière, singulière. Alors qu'on peut souhaiter, voire espérer, qu'une maxime devienne universelle, en faisant *comme si* elle devrait être appliquée par tous les êtres raisonnables. C'est dans ce sens que nous appelons de tous nos vœux à une éthique de la liberté scientifique de sorte « briller » la liberté du philosophe dans ce débat « bioéthique ».

Autrement dit, le philosophe ne peut dire vrai qu'en demeurant libre, car ces deux concepts vont de pair, au sens où seul un être libre peut dire la vérité. C'est la liberté qui doit constituer le fond de la pensée du philosophe de la morale dans le débat sur l'euthanasie et non des considérations (certes non négligeables) comme la douleur ou la souffrance qui relèvent de la sensibilité. Cela suppose que la liberté scientifique, c'est-à-dire la liberté de la recherche ne doit pas perdre de vue que la liberté en soi est comme la vérité, c'est-à-dire un concept intelligible, et c'est elle (la liberté) qui constitue le fond de toute pensée humaine. Ce que nous voulons mettre en évidence ici par le fait d'une éthique de la liberté scientifique, c'est que partout où l'on parle d'éthique, il *devrait* s'agir avant tout de la liberté ; tout comme, quand il est question de la liberté, il est question d'universalité, parce que l'universalité est le principe de la liberté.

Au fond, l'éthique d'une liberté scientifique sur la question de l'euthanasie suppose pour nous la recherche des conditions d'universalisation d'une telle pratique. Une éthique en vue d'universaliser une telle pratique devrait ramener le calme dans ce débat qui concerne tous les êtres humains mais qui n'a pas encore un dénouement « universelle », dans la mesure où les débats qui la concerne restent encore vigoureux dans plusieurs États du globe. Mais pour espérer une meilleure « universalisation » de l'éthique de la liberté scientifique, il faut aller chercher « l'inspiration » du côté de Kant, puisque les concepts de personne ou de dignité montrent dans leur développement ce qui peut rassembler tous les membres du genre humain.

3 - Euthanasie et valeur de la personne

Le recours récurrent à Kant dans le « cas » d'euthanasie se justifie souvent, d'une manière ou d'une autre, par *l'implication* de la question d'autonomie de l'individu. Autrement dit, l'autonomie chez Kant est la preuve de la non soumission de l'individu, la preuve que l'individu n'est pas asservi, la preuve qu'il est donc libre. Manifestement, c'est sa liberté qui est une barrière contre l'asservissement. Et s'il est libre ou autonome, il n'acceptera pas qu'il soit traité comme un moyen ou une chose. Ce qui signifie que la preuve de notre liberté est *l'inviolabilité* de notre dignité en tant que personne. C'est cela qui donne tout le sens à l'une des formules de l'impératif catégorique qui nous interdit de traiter l'humanité en nous ou en autrui, comme un simple moyen car elle est pour tout être raisonnable, sacrée et fin en soi. D'où cette recommandation de Kant : « Agis de telle sorte que tu traites l'humanité aussi bien dans ta personne que dans la personne de tout autre toujours en même temps comme une fin, et jamais simplement comme un moyen » (E. Kant, 1975, p. 150). On charge souvent le terme « moyen » de plusieurs sens en commentant cette formule. Mais une chose est sûre : moyen ici renvoie dans ce contexte à une valeur relative, et il se trouve que ce sont les choses qui ont une valeur relative. Or la personne a une valeur absolue en tant sujet rationnel. Ce qui fait qu'en traitant l'humanité dans la personne d'autrui comme simplement un moyen, (ce qui est possible dans le cas où on oublierait que l'homme est un être raisonnable), c'est faire comme si elle n'était pas le sujet de la loi morale laquelle, on le sait, est sainte. Ce qui est requis ici par Kant, c'est de dépasser le stade de l'intérêt et de la temporalité dans le cadre pratique c'est-à-dire dans le cadre de l'action, des valeurs et de morale. Voilà pourquoi dans le cadre de nos échanges sur l'euthanasie, nous autres aux côtés de Kant, pensons comme lui se prémunir de tout traitement « abusif » de la liberté de l'homme, vu que : « l'homme, dans tout usage de sa personne, a le devoir et le droit de rester libre, et que s'il sert ou s'il est servi, ce doit être sans être asservi ou sans tenter d'asservir » (E. Kant, 1975, p. 150).

On sait ce que Kant pensait du suicide. Mais on ne saura dire avec certitude ce qu'il aurait pu dire de l'euthanasie aujourd'hui sans compter avec le développement des sciences et de la biomédecine. Mais Kant a fait face à la souffrance et au désespoir à plusieurs moments de sa vie. Certains auteurs le présentent comme quelqu'un qui se substituait parfois au médecin en se prescrivant des traitements contres des maux accablants. Il se donnait ses propres moyens de lutter contre la vieillesse et contre la maladie jusqu'au dernier jour. Jamais la douleur ne lui enleva le courage et le sens de la dignité humaine ; et pourtant la douleur est un sentiment de déplaisir, donc un sentiment subjectif qui corrompt la moralité. Malgré tout, Kant garda intacte en lui l'idée d'humanité et vécut de ce point de vue autonome.

Or, en matière d'euthanasie, il semble qu'il y a « collision » entre autonomie et consentement. Et tout le problème réside là. En morale, l'autonomie signifie pour la personne se donner sa propre loi pour faire « briller » la loi morale et sa dignité. En bioéthique, au contraire, l'autonomie se substitue au *consentement* qui s'emploie comme fondation de l'exigence juridique à être en adéquation avec le vœu du malade pour légitimer l'acte médical. Pour notre part, entre le consentement et l'autonomie, il y a, à n'en point douter, un concept qui est contraire aux prescriptions de la morale : le consentement. Si l'autonomie signifie se donner à soi-même sa propre loi ; le consentement est au contraire le fait de donner un accord ou une approbation. Il est clair que dans ce dernier cas, l'humanité en toute personne s'expose à la *violation* puisqu'elle est soumise non pas à son propre tribunal (la raison intérieure), mais à une décision étrangère pouvant l'asservir. C'est dans ce sens que l'autonomie demeure en tension avec le consentement dans le débat bioéthique vu que le consentement :

> En tant que tel, il est réputé fonder l'exigence juridique de consentement du patient à l'acte médical : c'est bien parce que chacun est réputé autonome qu'il doit être reconnu capable de décider de sa destinée physique et personnelle. C'est donc initialement indépendamment de la complexité des éléments proprement philosophiques de sa définition qu'il a été importé dans la réflexion juridique pour fonder l'exigence de consentement du patient à l'acte médical ; et rares sont ceux qui contestent la validité de ce couple conceptuel, qui préconise son dépassement au motif qu'il y aurait quelque leurre à voir dans le consentement l'expression de l'autonomie (S. Honnette-Vauchez, 2009, p. 38).

Autrement dit, le problème soulevé par le couple autonomie et consentement est d'impliquer en amont le patient dans l'acte médical qui le concerne avant tout. Le problème est de savoir si au contraire, en associant le consentement du patient ou de ses proches à une décision d'une portée morale telle que l'euthanasie donne lieu à l'universalisation d'un tel acte ? Est-ce parce que sommes-consentants que nous sommes libres pour autant ?

L'autonomie chez Kant c'est la capacité d'obéir à des lois morales universelles, alors que l'exigence juridique du consentement cherche la légalité d'un acte moral. Si le consentement fonde l'exigence juridique n'est-ce pas parce qu'il y a « un manquement supposé à une obligation morale » (S. Honnette-Vauchez, 2009, p. 38).

Cette inquiétude de Honnette-Vauchez est partagée, puisque le consentement ou l'exigence juridique, on l'aura compris, remplit un vide, celui de l'autonomie, donc de la moralité. La réflexion kantienne sur l'autonomie montre l'ampleur et le sens du devoir qui doivent commander les maximes des hommes y compris celles des « parlementaires de la preuve » sur ce genre « cas ». Ce qui suppose qu'en bioéthique les « lois juridiques » manquent encore « d'universalité » au point de vue moral, qu'elles ne sont pas déjà fondées sur l'autonomie des malades, ensuite elles ne sont pas « forcément » les mêmes dans tous les pays (pour ceux qui en ont légiféré) ; enfin les législations varient d'un pays à un autre. Précisément, on ne peut substituer l'autonomie au consentement s'agissant de la dignité de la personne humaine.

4 - De la restauration de la dignité

La dignité humaine est valeur suprême ; elle inclue l'intégrité physique et morale comme valeurs inviolables de toute personne. D'ailleurs, si nous n'avions pas la dignité en nous, l'éthique n'aurait aucun sens. Ainsi pour veiller au respect de la dignité humaine, les politiques ont inventé le mot bioéthique pour concilier principes moraux et recherche. Il s'agirait pour le législateur de créer une nouvelle discipline, la « bio-éthique », c'est-à-dire concevoir une politique de la vie et décider des normes soi-disant objectives qui seraient une sorte de contrat résultant d'un compromis à un instant donné et pouvant être remis en cause par un autre compromis, d'où les révisions (E. Montfort, 2008, p. 54).

Au regard de cette analyse d'Elizabeth Montfort, on peut craindre une sorte de désenchantement de la morale dans ce débat. Autrement dit, les révisions répétitives des lois bioéthiques (la révision des lois bioéthiques a lieu en général tous les cinq ans depuis que le terme bioéthique est apparu en Grande Bretagne, il y a quarante ans), montrent que la morale ne peut se substituer aux lois juridiques temporaires, voire culturelles ; ce malgré l'effort des États à vouloir, de convention en convention, essayer de trouver un « statut » universel aux lois bioéthiques. Mais ils ne parviennent pas encore à leur donner ce « statut » universel puisqu'ils les adaptent en fonction de leurs croyances et de leurs mœurs respectives. Et le débat sur l'euthanasie naît de ces contingences et ces particularités De fait, « Il s'agit moins de maintenir les principes intangibles du respect de la dignité humaine que d'encadrer juridiquement les transgressions, comme si la morale devait s'adapter aux découvertes scientifiques ou donner satisfaction aux apprentis sorciers qui manipulent la vie » (E. Montfort, 2008, p. 54). Nous comprenons bien que c'est la bioéthique qui doit s'adapter à la morale et non l'inverse pour le respect de la dignité humaine.

Remarquons tout de même que les défenseurs de l'euthanasie active brandissent le même principe que ceux qui s'y opposent : la **dignité.** Le médecin dit respecter la dignité du patient en limitant ses souffrances, les parents des malades affirment également souhaiter voir mourir leurs proches dans la dignité et le respect de l'intégrité physique et morale que pourrait altérer la souffrance ou la maladie. Certes, cet argument est massif et recevable, on le sait. Car l'affection qu'un homme a pour un proche peut l'amener à se résoudre à l'euthanasie. Mais d'un point de vue moral, cet argument ne convict pas, au sens où donner la mort au nom de la dignité est en *contradiction* avec la raison. Autrement dit, la dignité de la personne est sacrée et elle est comme telle parce qu'elle est toujours « accrochée » à la vie. La vie comme la mort relèvent, en quelque sorte, d'une certaine responsabilité morale.

Mais aujourd'hui, les lois bioéthiques ont tendance à contourner cette question de la responsabilité morale en instituant le principe du compromis ou du consensus dans ce conflit des valeurs et des normes. De la sorte, les lois bioéthiques constituent « […] l'une des illustrations de la quête contemporaine du consensus par la délibération et le compromis en tant que mode de résolution des conflits » (P.A. Taguieff, 2007, p. 79). Avec Kant au contraire, la dignité va au-delà des apparences de dignité (que l'on assimile parfois à l'amour qu'on a pour un être cher) dans la mesure où cette dernière suppose toujours une prescription morale qui nous oblige d'être des hommes de principes et avoir un caractère déterminé à ne violer l'humanité en n'importe quelle personne.

Conclusion

En Afrique, la question sur l'euthanasie est encore « refoulée », les gens se la pose rarement et n'a pas encore fait l'objet des grands débats politiques dans nos sociétés. Cela ne veut pas dire qu'on ne s'interroge guère. Mais cela ne veut pas dire qu'on ne s'interroge pas dans nos hôpitaux, nos universités et dans nos laboratoires. Notre point de vue sur cette question de la « souffrance humaine » est simplement rationnel, il invite les uns et les autres à se laisser guider par l'idée d'humanité en eux. Car cette idée promeut des principes d'unité nécessaires pour soutenir et accompagner la recherche scientifique pour la consolidation de notre destin commun. La morale affirmait Kant n'est pas la doctrine qui nous enseigne comment être heureux, mais « comment nous rendre digne du bonheur » ! On pourrait presqu'à l'identique dire

la même chose du « malheur » (donc de la mort qui arrive par l'euthanasie), c'est-à-dire que la morale n'est pas la doctrine qui nous enseigne comment être malheureux, mais « comment être digne du malheur » dans notre communauté politique. Et face à cette question de l'euthanasie, nous avons montré que seule une éthique de la liberté scientifique peut nous éclairer sur cette voie, parce que cette éthique ne prend en considération que ce qui est inconditionnellement bien ou bon pour le genre humain. Et justement parce que l'euthanasie préoccupe hautement le genre humain, il faut donc lui imposer la rigueur de la raison humaine universelle.

Références bibliographiques

FELDMANN Gérard, 2010, *La bioéthique*, Paris, Armand Colin.

KANT Emmanuel, 1986d, *Anthropologie du point de vue pragmatique,* dans Œuvres philosophiques, coll. « Bibliothèque de la Pléiade », Paris, Gallimard, t. III [trad. Pierre Jalabert].

KANT Emmanuel, 1985a, *Critique de la raison pratique,* dans Œuvres philosophiques, coll. « Bibliothèque de la Pléiade », Paris, Gallimard, t. II [trad. J.-R. Ladmiral, J.-M. Vaysse].

KANT Emmanuel, 1985b, *Fondements de la métaphysique des mœurs,* dans Œuvres philosophiques, coll. « Bibliothèque de la Pléiade », Paris, Gallimard, t. II [trad. Victor Delbos].

KANT Emmanuel, 1986e,_*Métaphysique des mœurs,* dans Œuvres philosophiques, coll. « Bibliothèque de la Pléiade », Paris, Gallimard, t. III [trad. Joëlle Masson et Olivier Masson].

KANT Emmanuel, 1975, *Fondements de la métaphysique des mœurs,* Paris, Delagrave, [trad. Victor Delbos].

KANT Emmanuel, 1985c,_*Prolégomènes à toute métaphysique future qui pourra se présenter comme science,* Œuvres philosophiques, coll. « Bibliothèque de la Pléiade », Paris, Gallimard, t. II [trad. Jacques Rivelaygue].

KANT Emmanuel, 1986f,_*La religion dans les limites de la simple raison,* Œuvres philosophiques, coll. « Bibliothèque de la Pléiade », Paris, Gallimard, t. III [trad. Alexis Philonenko].

MONFORT É., Arduin Pierre-Olivier, *Liberté Politique, guide politique de bioéthique*, Toulouse, éd. Privat, 2008.

TAGUIEF P.A., *La bioéthique ou le juste milieu. Une quête de sens à l'âge du nihilisme technicien,* Paris, Fayard, 2007, p. 79.

HENNETE-VAUCHEZ S., 2009, *Le droit de la bioéthique,* Paris, La Découverte.

VINCENTI Luc, 2008, « Philosophie des normes chez Kant », Multitudes, /n°34, p. 206-241. DOI : 10.3917/mul.304.0206.

RENAULD Alain, 2000, *Découvrir la philosophie : La morale*, Paris, Odile Jacob.

WEIL É., 1990, *Problèmes kantiens*, 2e éd. rev. et augm., Paris, Vrin,.

WEIL É., *Leçons d'éthique* de Kant prononcées entre 1775 et 1780.

Études sur la place et la signification de la philosophie de la reliance des connaissances
Esquisse d'une pensée interstitielle qui pourra se présenter comme une « Symbiosophie »

Auguste NSONSISSA

Introduction
Histoire et état des lieux d'une pensée interstitielle

Travailler à la « complexité » épistémologique, concept assez souvent contesté, à cause de son hybridisme, devrait apparaître à d'autres auteurs de science classique comme totalement hérétique. Sous prétexte qu'Edgar Morin, qui en vise l'instauration, ne va jamais au fond des choses. Encore faut-il qu'on nous dise s'il existe un penseur, un seul, au monde, qui peut oser affirmer avec certitude que les choses en question, ont réellement leur fond et qu'on peut y accéder par la philosophie seule. Cela ne peut pas aller de soi pour tous. Il faut critiquer et dépasser le positivisme réflexif des philosophes pour aller au-delà du contexte purement métaphysique de la philosophie contemporaine des sciences. Telle la légitimité épistémologique du contexte de la découverte du paradigme de la complexité et le contexte de sa justification. D'après Morin, la complexité est un défi :

> Le défi de la globalité est en même temps un défi de complexité. En effet, il y a complexité lorsque sont inséparables les composants différents constituant un tout (comme l'économique, le politique, le sociologique, le psychologique, l'affectif, le mythologique) et qu'il y a tissu interdépendant, interactif et inter-rétroactif entre les parties et le tout, le tout et les parties. Or les développements propres à notre siècle et à notre ère planétaire nous affrontent de plus en plus souvent et de plus en plus inéluctablement aux défis de la complexité. (E. Morin, 1994, p. 14).

Cela étant dit, nous avons voulu, en nous inspirant des travaux disponibles sur l'état de la question relative à la reliance des connaissances, essayer d'aller plus loin, non pas dans la provocation, mais dans l'évocation d'une intuition lumineuse, pour affirmer, avec nuances, que sur le plan de la connaissance relationnelle et de la reconnaissance des énigmes de ces relations interdisciplinaires, en vue de promouvoir l'indispensable radicalité de la pensée des reliances, sur ce plan là, Edgar Morin est, sans doute, en passe de marquer durablement des générations de socio-anthropologues qui considèrent volontiers que leur champ de recherche doit être ouvert à toutes les approches possibles.

Parmi les disciplines que Morin met en œuvre, on peut prendre comme angle de vision, la « philosophie anthropologique » qui occupe une place singulière dans cette dimension de la « socio-anthropologie philosophante ». Cet élan de problématisation de ses recherches anthroposociales est resté très présent dans ses réflexions transdisciplinaires, en suivant le sillon planté aussi par Platon et Aristote. Grâce à ceux-ci, nous avons senti l'impérieuse nécessité d'élaborer une réflexion qui, loin de minimiser la corrélativité des phénomènes complexes et leur absence (ou leur vacuité) de nature propre, la prend plutôt pour prémisse épistémologique de sa tension éthique vers une manière d'être ouverte au dialogue entre les disciplines ; « interlocution dialogique » qui nous prédispose déjà à ce que Morin appelle une « Symbiosophie ».

Ce trait particulier, est-il besoin de le souligner, se reconnaît dans le propos canonique d'Edgar Morin, qu'il a prononcé en 2011, lorsqu'il soulignait, au *Colloque international et interdisciplinaire* auquel nous avions participé (A. Nsonsissa, 2012, p. 41), que : « Je n'aime pas être enfermé dans l'étiquette de sociologue. Tout ce que j'ai écrit a une dimension sociologique, mais ne s'y réduit pas. » (E. Morin, 2012, p. 14).

Cela étant, partant de cette affirmation, nous nous sommes donc donné les moyens d'interroger le parcours de *La Méthode* dans laquelle Edgar Morin ne rejette ni la socio-anthropologie, ni la philosophie de la connaissance. Nous pensons qu'il y a, pourtant là, un domaine de compétence à explorer et matière à réflexion que nous voulons essayer de construire. Sous ce contexte de justification et de découverte de la rationalité ouverte, la décision de travailler à ce qu'il y a de philosophique dans la pensée de celui qui est présenté assez souvent comme « le grand sociologue de la complexité » devient légitime. Plutôt que de gérer à nouveaux frais les sirènes de l'irrationnel qui génèrent des positions radicales, incompréhensions et oppositions violentes, aussi bien qu'attitudes incantatoires à l'égard d'un penseur de notre temps, non moins philosophe, mais hors-catégorie, qui nous inspire tant, et dont les sources et ressources philosophiques participent de la constellation d'une pensée, hors contexte absolu, mais toujours en alerte. Cette hypothèse trouve sa légitimation dans le sujet, est-il besoin de le rappeler, qui articule : « transdisciplinarité et transversalité épistémo-logiques chez Edgar Morin » (cette thèse doctorale a pour enjeu théorique d'éviter « le risque d'hyperspécialisation du chercheur et un risque de « chosification » de l'objet étudié et on risque d'oublier qu'il est extrait ou construit ». Nous avions pensé en suivant Morin que l'objet de la discipline étudiée ne devrait pas être perçu comme une chose auto-suffisante. Il a donc fallu montrer que les liaisons et les solidarités de cet objet avec d'autres objets pourraient se faire au moyen de la logique comme organon, comme philosophie, et comme méthode. En critiquant « l'esprit hyper-disciplinaire », nous avons voulu dégager l'intérêt philosophique de respecter les frontières épistémologiques et philosophiques au sens bachelardien. Le transfert du langage, des concepts propres, pouvait se faire par la logique sans tomber dans l'isolationnisme des disciplines anthroposociales et naturelles). Parce que nous estimons que les sources socio-anthropologiques des études sur la pensée complexe de Morin sont à relativiser au moyen des éléments de philosophie contemporaine.

Autrement dit, il faut pointer cette constellation de pensée qui ne serait pas tout à fait complète, si elle ne tenait pas compte des errances intellectuelles, des itinérances méthodologiques, des ruptures épistémologiques, de la carrière multidimensionnelle, et surtout des « rencontres » qu'il a eu avec les philosophes et les scientifiques. Cela autorise à justifier la portée épistémologique d'« une sociologie critique et une sociologie critiquée » dont il fait, il convient de le noter, des longs développements (E. Morin, 1984, p. 281) dans *Sociologie*.

La pensée de Morin conçoit donc le sociologisme d'un côté et la sociologie positiviste de l'autre comme étant aujourd'hui improductives. La connaissance sociologique du présent est comme une construction qui part non pas des intuitions physicalistes de la sociologie positive d'Auguste Comte, mais de la complexité épistémologique entendue comme critique et dépassement de la raison classification des sciences qui fait l'économie de leur articulation, ainsi que des interférences qui s'imposent de l'intérieur du monde de la science. C'est la raison qui rend la légitimité épistémologique de la reliance des sciences.

I. Acheminement vers la philosophie de la reliance des connaissances

Partant de cet « auto-questionnement de la sociologie » et dans le double jeu des réceptions et prolongements de sa pensée complexe en philosophie de la connaissance, nous focalisons sur le domaine de la logique de la science, parce que nous estimons qu'elle constitue le nœud même de son entreprise épistémologique. A preuve, Edgar Morin a accrédité cette thèse et l'a accueillie avec entière satisfaction pour interroger la connaissance de la connaissance scientifique.

Pourquoi devrait-on s'attacher à la logique ? Parce qu'il n'y a pas de connaissance sans « connaissance de la connaissance ». Elle se doit d'incorporer à la lumière des théorèmes d'incomplétude de Gödel (1931), une contrepartie de l'inachèvement de ce processus de complexification des connaissances scientifiques. La perception de la complexité épistémologique est irrémédiablement « ce quelque chose » de sublime, d'incomplet dans la connaissance humaine.

Seule cette perception d'incomplétude logique impulse l'enquête sur un nouveau paradigme, ou la « paradigmatique », qui donne à anticiper sur l'avenir de la raison et favoriser par là même, au nom du devenir des rationalités modernes, la croyance rationnelle, mobilisatrice des chercheurs scientifiques en la transcendance du réel ; un réel tantôt fuyant, tantôt attrayant.

L'incorporation de l'incomplétude logique dans l'image chaotique du monde creuse un espace d'intelligibilité en chacun de nous pour y faire figurer aussi bien la demande incessante d'une élucidation de ce monde par une partie de lui-même, que de nous-mêmes, parce que nous y faisons partie intégrante, en fonction aussi de ce que nous y mettons. Quitte à frôler le paradoxe logique, disons que cette réflexion s'adosse au « théorème de l'impossibilité », des « impossibilités », non absolues, qui se profilent à l'horizon de nos trous d'intelligibilité. Car, il faut admettre tout de même avec Edgar Morin que malgré tout, une image achevée du monde doit faire place à l' « inachèvement » en elle, qu'une complétude logique doit plutôt décrire la poursuite insatisfaite de sa perfection, qu'une approche totale de la complexité des êtres et des choses doit enclore le principe de sa refragmentation, qu'une conquête pleine de la réalité doit inclure le vide persistant à l'intérieur d'elle-même qui l'engendre et l'accueille avec raison.

Les intuitions révélantes d'une telle perspective de la pensée interstitielle se vérifient en termes de condition de possibilité d'une

« ontologie des relations » révélatrice d'un nuage d'inconnaissance. Elles nous permettent d'envisager la naissance d'une philosophie de la reliance des connaissances, sous le paradigme régulateur de cette ontologie relationnelle des sciences, décontextualisée, comme « ombre » d'une nouvelle logique de la science, relative à la nécessité impérieuse de l' « ouverture » des sciences, grâce à un œil extra-disciplinaire, la mise en valeur des « empiètements et migrations interdisciplinaires », la circularité des « objets et projets inter - et poly-disciplinaires », la construction des « schèmes cognitifs réorganisateurs », l'exigence transcendante ou autrement transcendantale d'aller toujours « au-delà des disciplines » pour viser « l'éco-disciplinaire et le méta-disciplinaire ».

Les enjeux découlent de la caractérisation de la complexité en philosophie des sciences humaines et sociales, dans le prolongement et le renouvellement de l'épistémologie complexe d'Edgar Morin, au cœur d'une anthropologie philosophique contemporaine de la connaissance qui reste encore à sonder. Ces enjeux portent sur les « reliances », sur « les relations » :

> Celles que nous posons lorsque nous concevons le monde comme un réseau interconnecté ; et celles qui, en vertu de cette conception, nous connectent étroitement au monde. Nous pensant nous-mêmes comme pris dans l'entrelacs des relations qui forment l'étoffe du monde (M. Bitbol, 2010, p. 9).

Cette affirmation fait suite aux intuitions logico-philosophiques que Morin tente de promouvoir, par son mot d'ordre que voici : « relier, relier ! Relier les connaissances, relier les êtres humains, relier les membres d'une même société, relier les sociétés les unes aux autres » (E. Morin et T. Ramadan, 2014, p. 161). La constance de ces questions et la consistance de cette hypothèse mesurée, tiennent de son propre parcours à la lisière de la sociologie et de l'anthropologie de la complexité. Elles donnent à voir le caractère relationnel des méthodes, du contenu des théories scientifiques et des connaissances philosophiques, artistiques, voire littéraires.

Pour nous, et cela devrait aller de soi, la philosophie de la connaissance tout comme l'anthropologie philosophique amènent l'homme à se comprendre, à s'appréhender et à appréhender sa destination dans le monde et au sein de la société. C'est ce qui a fait dire à Castoriadis Cornélius, en référence au grand philosophe antique, le propos suivant : « Ce qui m'importe, ce ne sont ni les arbres, ni les pierres, mais les hommes vivant dans la société » (C. Castoriadis, 1978, p. 147).

La réflexion sur les hommes dans la cité a conduit à assigner au philosophe un *lieu* dans le monde et un *lien* de parenté de substance avec les pierres, avec l'environnement donnant ainsi lieu à la philosophie de la nature, ou plutôt à ce que Michel Maffesoli (2010, p. 69) a cru nécessaire de qualifier d'« *écosophie* ».

Pareille idée est de nature à signifier les considérations socio-philosophiques sur la « pensée écologisée » d'Edgar Morin qui nous montre que « le développement techno-économique conduit à la dégradation de nos propres sociétés, de nos propres vies ». En fait, le plus important est de constater que le rapprochement et la confrontation des regards croisés sur des problématiques transversales sont révélateurs de l'ascension « vers une écosophie, dit-il, pour reprendre l'expression de Félix Guattari, une sagesse collective et individuelle qui nous demande de sauvegarder notre relation avec la nature » (E. Morin, 2004, p. 177), mais aussi avec autrui. C'est dans le sixième tome de *La Méthode* que Morin évoque le changement socio-philosophique qui nous conduit à une sagesse anthropologique qualifiée par lui, mais sans mystification créatrice des concepts, de « *Symbiosophie* », c'est-à-dire une « pensée interstitielle » (E. Banywesize, 2010, p. 319-322).

Aussi, cette intention créatrice, tirée des *Carrefours du labyrinthe* de Castoriadis, donne-t-elle lieu à une lecture cosmique de la société et à l'émergence d'une « cosmologie de la connaissance » à laquelle Morin est aussi fortement attaché lorsqu'il cite, en guise d'exemple, Karl Popper qui a une résonance tout à fait particulière dans le premier tome de *La Méthode* : « Je crois personnellement qu'il y a au moins un problème [...] qui intéresse tous les hommes qui pensent : le problème de comprendre le monde, nous-mêmes et notre connaissance en tant qu'elle fait partie du monde » (E. Morin, 1977, p. 9). Il en résulte que pour comprendre la nature humaine, il faut savoir que ce qui importe, ce n'est pas seulement l'étude des hommes et de leur cité.

Nous savons que l'on ne peut pas séparer les hommes et leur cité des pierres et des arbres. Nous commençons aussi à savoir que l'inséparabilité entre « la nature de la nature » et « la nature de la nature humaine » est aujourd'hui au cœur des « philosophies de l'environnement ». En témoigne l'intitulé de l'ouvrage de Raphael et Catherine Larrère : *Du bon usage de la nature. Pour une philosophie de l'environnement* (2009, p. 19).

Partant de ces considérations « *écosophiques* », notre approche anthropo-philosophique se prête théoriquement à des usages profondément contradictoires, parce que depuis toujours, il y a débat d'idées entre les penseurs de la tradition grecque jusqu'à la fin du 20è siècle, avec la vogue croissante du réalisme structural et du concept de « principe organisationnel », censé régir l'émergence de phénomènes globaux *a priori* imprévisibles, en passant par le 18è siècle chez Leibniz, avec la question du statut relationnel de l'espace, puis chez Kant, avec sa conception d'une connaissance purement relationnelle. Dans tous les cas, une poussée relationnelle se perçoit à chaque grande étape de l'histoire de la pensée humaine. En témoigne le discours sur la connaissance de Sextus Empiricus ou celui de Pyrrhon. Par cette double relativité de la connaissance, il en résulte que « les objets ne sont connus que par le biais de leur relation à d'autres objets » et que « la pensée ne s'occupent pas des choses telles qu'elles sont [...] en elles-mêmes, mais de la représentation mentale que nous avons d'elles » (M. Bitbol, 2010, p. 10). Cela étant posé, nous ne faisons pas de la reliance quelque chose qui s'installe seulement comme thème de discussion anthropo-philosophique, entre les penseurs modernes et postmodernes, il y a encore une autre motivation qui nous conduit à étudier les relations en question, celles d'une complexité comme concept transcendant ou autrement transcendantal.

L'objectif de la philosophie de la reliance est de montrer que dans la vie de l'homme, et même dans celle de l'homme de science ou du savant, créateur des théories, « il y a des choses qui dépendent de nous et celles qui ne dépendent pas de nous ». Conscient de cet écart différentiel entre le sujet connaissant et l'inconnu, la pertinence philosophique de ces quelques idées anthropologiques d'Edgar Morin trouve son point d'élévation dans ce qu'il a cru pouvoir appeler, dans le sixième tome de *La Méthode,* « une éthique de la reliance ». Son parcours anthropologique illustre parfaitement l'idée qu'une « anthropologie complexe », quand elle plonge ses racines dans la recherche philosophique et historique de la connaissance, apparaît comme un « hommage lointain » aux premiers philosophes-penseurs grecs qui ne connaissaient pas de frontière entre la science et la philosophie. C'est la raison pour laquelle, nous avons pointé ce qui constitue et qui, comme l'écrit Morin, « se situe au noyau central de [son] œuvre. Ce noyau on peut l'appeler épistémologique, on peut l'appeler logique, on peut l'appeler paradigmatique selon l'angle de vue. De toute façon, il s'agit de la connaissance de la connaissance » (E.

Morin in A. Nsonsissa, 2010, p. 10). Telle est la thématisation de « l'anthropologie de la connaissance » qui se déploie dans un ensemble vaste et divers de pensée, autonome et critique (A. Nsonsissa, 2014).

Nous précisons que la synthèse de nos publications qui vous ont été soumises, loin d'être un simple élargissement conservateur de *La Méthode* de Morin, sont plutôt l'exposition d'un point critique dans l'exposé systémique de sa propre vision de la « métaconnaissance » de nature circulaire et circulante. Parce que le but qui a été poursuivi dans cette synthèse a consisté à mettre en avant quelques intuitions de se garder de faire des reliances des connaissances le substitut des essences rejetées par Morin. Nous avons cherché à promouvoir la reconnaissance du statut purement régulateur de la pensée reliante, après l'avoir créditée d'exceptionnelles qualités heuristiques au double sens positif et négatif d'Imré Lakatos. Mais quelle méthodologie complexe appliquons-nous à cette pensée interstitielle ?

II. La méthodologie complexe : entre contextualité et équicontextualité des connaissances

La philosophie de la reliance que nous envisageons s'inscrit en droite ligne de la dynamique d'une « épistémologie complexe », toujours en mouvement récursif avec des considérations méthodologiques sur « l'anthropologie cognitive » que nous aimerions justifier.

En articulant d'un côté la méthodologie dialectique et de l'autre la méthode dialogique, nous voulons montrer que celles-ci ont deux fonctions à première vue opposées mais complémentaires et associées aux yeux de Morin. Cette association bissectrice d'approche procédurale fait resurgir la pensée complexe, c'est-à-dire la retenue rationnelle, la quête de la cohérence du propos, mais aussi la perplexité interrogative. Nous la retenons parce qu'elle favorise ainsi le sens de la nuance dans l'analyse des théories et le partage délibératif des critères de scientificité. Il y a là une démarche proprement philosophante qui revient chaque fois à remettre la pensée en marche lorsqu'elle encourt le risque d'être paralysée en doctrine ou qu'elle suit des ornières trop creusées, à faire voler ses thèses en éclats. Pour avoir remarqué que cette rationalité procédurale de la complexité en devenir occupe une place centrale dans le propos « nucléaire de *La Méthode* » de Morin, il nous a paru justifié méthodologiquement de souligner que c'est exactement ainsi, en tant qu'escale, échelon ou relais, qu'on devrait comprendre l'intelligence d'ensemble de la symbiosophie en perspective entre le global et le local. Qu'est-ce à dire ?

Pour la caractériser rapidement, celle méthodologie complexe décrit plusieurs familles d'organisations plurirégionales de la connaissance. C'est dire que plurirégionalité et relativité des normes méthodologiques vont de pair. En essayant de spécifier de manière quelque peu fondée en raison ce genre de réseau d'associations de connaissances, nous faisons de la relation « d'équicontextualité » une sorte de reliance d'équivalence logique. Cette relation « d'équicontextualité » se veut immanente à l'idée qu'elle représente la trace qu'aurait pu laisser la relation d'équivalence logique, toujours au conditionnel irréel, une relation transcendante ou autrement transcendantale. Elle se veut réflexive, auto-réflexive, symétrique et transitive.

Mais on peut aussi entrevoir effectivement les contextes imparfaitement définis des régions de chevauchement harmonieux entre eux. Dans ce cas, des propositions (connaissances) **p** et **q**, ainsi que **q** et **r** peuvent être « équicontextuelles » deux par deux, sans que **q** et **r** le soient.

Cette nuance hypothétique consubstantielle à la condition additionnelle de spécification que nous avons entraperçue à travers cette symbolisation logique renvoie *ipso facto* aux régions de chevauchement des associations bissectrices de connaissances et aux contextes de justification et de découverte.

Ce genre de piste alternative que nous tenons à explorer dans une philosophie de la reliance donne à penser le consentement à la fragmentation de la connaissance, mais qui contrevient à l'idéal régulateur d'unification des savoirs. Un idéal qui donne aussi l'image d'un seul point focal appréhendé relativement à plusieurs angles de vue. L'interprétation relativisante de la « pluricontextualité » ne fait peut-être pas directement signe vers des relations inaperçues, en revanche, elle se substitue à elles dans le cadre théorique de la réorganisation topologique du champ des savoirs modernes et de leurs rationalités postmodernes.

Il convient de préciser qu'ici, la reliance n'est pas unique. La « pluricontextualité » comme norme régulatrice de la relationalité permet de rendre raison de la partition justifiée de l'ensemble de connaissances, et cela sur fond de critères épistémiques. Le tout dans un environnement méthodologique et conceptuel non restrictif qui ne se comprend qu'à travers des familles d'organisations catégorielles plurirégionales de la connaissance humaine. Et cela sous l'hypothèse mesurée de leur relation exclusive aux instruments conceptuels et présupposés métaphysiques qui leur sont associés. C'est la preuve que pour Edgar Morin, à l'instar de Georges Balandier, « il semble que les sciences sociales ont toujours besoin d'être mises en garde contre une synthèse prématurée. Le moment et les situations continuent plus que jamais à fabriquer de l'inédit. La recherche de permanence et de constantes, en sociologie, en anthropologie, demeure problématique » (G. Gosselin, 1993, p. 11). Quand bien même la complexité ne nous donnerait pas l'étendue transcendante où l'on pourrait rationnellement représenter exactement les connaissances. On pourrait néanmoins, esquisser l'étendue immanente que laissent voir les rapports mutuels entre diverses connaissances. Quelle est alors la problématique qui s'y pose ?

III. Les conditions de possibilité de la reliance des connaissances

Une première question se pose : « Qu'est-ce qu'exactement une organisation plurirégionale de la connaissance, et en quoi pointe-t-elle vers le caractère relationnel de cette connaissance ? » (M. Bitbol, 2010, p. 93). Cette problématicité enveloppe le scepticisme heuristique agi des chercheurs en sciences sociales, leur aptitude rationnelle à trouver l'équilibre hors d'équilibre dans une révolution paradigmatique discontinue, mais sans trêve intellectuelle de leurs prémisses, de leurs représentations qui, elles-mêmes, demandent à être surmontées. Puisque dans le premier tome de *La Méthode*, Edgar Morin souligne très bien que « la nature de la nature humaine se trouve dans la nature ». Par ce biais, nous avons voulu chercher la voie qui mène vers une philosophie et une science des reliances : la relation transversale sur la complexité des rapports du sujet connaissant et de l'inconnu, les relations cognitives et l'épistémologie transcendantale, la relation latérale comme critique du modèle monadique de la connaissance scientifique, le cercle vertueux des relations en tant qu'enchevêtrement des théories comme la chaologie, le catastrophisme, la thanatologie, la théorie rationnelle de l'imagination, etc.

Ainsi qu'il apparaît entre les lignes de la structure de notre travail de synthèse, nous avons souligné anthropo-philosophiquement que l'émergence de ces théories des formes complexes est rendue intelligible sur un mode relationnel : de l'aporie des propriétés émergentes aux relations émergentes au cœur de l'humain. C'est l'esquisse d'une pensée interstitielle, pensée de (la) reliance, qui se résume finalement à la deuxième question régulatrice de notre projet : quelle est la place et la signification de la philosophie dans l'exigence anthropo-sociologique de la connaissance ? En termes inverses, la philosophie et l'anthropologie se complètent-elles ou, au contraire, s'excluent-elles ?

Au cœur d'une œuvre qui se décline en *La Méthode*, cette question apparemment simple ne peut recevoir une réponse claire et rapide. La réflexion d'Edgar Morin propose le décryptage des « réflexions philosophiques sur les différences, les différends et les niveaux de la rationalité complexe » sans céder, ni aux facilités de l'air du temps, ni aux injonctions de l'actualité des chiffres. Cette occurrence trouve sa justification dans un récent ouvrage de Morin (E. Morin, 2015) d'où il ressort que :

> Nos connaissances sur l'humain, sur la vie, sur l'univers, sont en pleine expansion. Elles sont aussi séparées et dispersées. Comment les relier ? Comment affronter des problèmes qui sont tout à la fois complexes, fondamentaux, intellectuels et vitaux ? Comment nous situer dans l'aventure de la vie et dans celle de l'univers, en tenant compte du fait que l'humain est intérieur à l'univers et que l'univers est intérieur à l'humain ? (E. Morin, 2015).

Ce questionnement et la réponse d'Edgar Morin éclairent l'intelligence d'ensemble de la Symbiosophie, en suivant le « rythme du monde », avec ses « *modes, crises, révolutions* » (E. Morin, 2014, p. 85).

L'enjeu transdisciplinaire de cette pensée reliante vise à lever quelques malentendus déjà entendus autour des considérations sur l'homme qui est, à notre sens, susceptible de faire l'objet d'une réflexion philosophique, au cœur d'une épistémologie complexe et de la « crisologie » (A. Nsonsissa, 2014) : Nous avons essayé de montrer dans cet ouvrage que depuis 1976, Edgar Morin constate que le mot « crise » signifie à l'origine une résolution opérée par prise de décision. Elle est une signification socio-philosophique qui remonte à Husserl dans *Krisis* dont l'usage exprime désormais son contraire, une situation de fragilité caractérisée par l'indécision. Ce questionnement transversal procède d'une épistémologie comparative des problématiques liées à l'humanisme, l'antihumanisme, le posthumanisme (G. Hottois, 2015, p. 17) et le transhumanisme (F. Neyrat, 2015, p. 117).

L'intérêt plus que renouvelé de poser la question de la « rationalité humaine comme conséquence de son unidualité entre la nature et la culture » est de type dialogique. Parce qu'il y a, aujourd'hui, plusieurs façons opposées et symétriques de nier la spécificité humaine. Les spécialistes de ces nouveaux courants nous disent par exemple que l'humain se prête maintenant à des préfixes à l'infini : « abhumain, inhumain, parahumain, préhumain, protohumain, subhumain, surhumain, transhumain, posthumain, etc. ». Or, Morin affirme que « l'homme est naturel par culture, parce qu'il est culturel par nature ». (E. Morin, 2015, p. 33). Pour lui, « l'humain est un et multiple ». « L'homme n'est ni bon, ni mauvais. Il a toutes les possibilités en lui. En chacun, il y a les pires et les meilleures, qui peuvent s'exprimer selon les conditions dans lesquelles il se trouve » (E. Morin, 2015, p. 33).

Certes, il ne manque pas d'analyses critiques sur l'état de la question de l'humain par les grands philosophes comme Kant, Rousseau, Montaigne, etc. Il y en a fort peu, en revanche, sur la manière dont ces doctrines invitent à réfléchir à la nature, aux limites et aux transformations de l'être humain qui devient maintenant « *Homo labyrinthus* ». Pareille expression est à la fois un monde qui s'esquisse et une voie qui nous fait entrer dans le labyrinthe, c'est-à-dire dans la complexité. S'agissant de la définition de la complexité, Lucien Sève : (2005, p. 17) avertit que :

> Les définitions en sont souvent multiples, et on a compté jusqu'à 52 définitions différentes du mot « complexité », ce qui illustre l'absence d'un corpus théorique associé à ce terme-problème similaire pour le mot « chaos ». Il s'agit de mots trop chargés sémantiquement pour prendre un contenu scientifique clair. [...]. Le terme de complexité, lui aussi extrêmement riche de connotations idéologiques, est souvent revendiqué par ceux qui s'intéressent à l'aspect transdisciplinaire de l'application de ces découvertes.

Cela conduit aux considérations philosophiques et épistémologiques sur la reliance des connaissances depuis l'Antiquité jusqu'à nos jours. Comment ne peut-on pas étudier la signification et la place de la philosophie de la connaissance dans le cadre théorique de l'éducation pour « *repenser la réforme et réformer la pensée* » (E. Morin, 1999, p. 99). Cette nouvelle pédagogie du savoir nous fait penser à Platon qui avertit « l'étranger » en ces termes :

> L'étranger : Excellent ami, s'évertuer à séparer tout de tout est une chose non seulement discordante, mais c'est aussi méconnaître les Muses et la philosophie. L'étranger : c'est la plus radicale manière d'anéantir toute argumentation que de séparer chaque chose de toutes les autres, car la raison nous vient de la liaison mutuelle entre les figures (Cité Par E. Morin, 1999, p. 5).

On voit à travers cet extrait que Platon s'était, lui aussi, penché sur cette hypothèse mesurée de la reliance des connaissances. Elle remonte effectivement aux époques inaugurales de la philosophie elle-même. La philosophie et l'anthropologie sont recherchées à brève intervalle l'une de l'autre. La reliance des connaissances appelle aussi la plurirégionalité des connaissances. Cela n'est pas aussi une question neuve. En effet, c'est le cas dans le *Théétète* de Platon, où le personnage de Socrate commence par inviter ses interlocuteurs à « penser » en tâchant de définir ce qu'est la connaissance sur *la* connaissance par-delà *les* connaissances énumérées. Cela étant posé, pour comprendre la thématique qui donne corps à notre entreprise, et qui ouvre l'énonciation de notre sujet de recherche, citons à nouveau frais un passage du Théétète de Platon, mettant en scène Socrate et Théétète, qui en porte témoignage : « En vérité, Théétète, l'objet de ma question, ce n'était pas cela : ni de savoir à quoi s'applique la connaissance, ni de savoir combien il y a de sortes de connaissances […], mais, à l'égard de la connaissance, de discerner ce que cela peut bien être en soi [...] » (Platon, p. 146, d-e).

Donnant ensuite à voir ce que serait l'aboutissement d'une pensée épistémologique de la reliance, nous en tirons le meilleur parti non seulement pour critiquer le « holisme épistémologique », mais aussi pour essayer de déchiffrer le sens du procédé d'interlocution dialogique autour de la question de la vérité encore discutée de nos jours, et partant qui n'invite pas à la pause dogmatique de la pensée complexe à peine née. Parvenu à ce niveau d'analyse, Morin est non seulement poppérien, mais disciple non platonicien de Platon, puisque chaque définition du concept, chaque thèse affirmée, aussi passée au crible de la réflexion qu'elle ait été, finit par se voir réfuter.

A preuve supplémentaire, le texte illustratif du « Théétète se termine par une suspension de l'enquête et du jugement, entre la perspective de nouveaux développements et un fruit immédiat pour l'existence humaine : la modestie de celui qui sait ne pas savoir » (M. Bitbol, 2010,

p. 672). Cette considération philosophique sur la connaissance ouvre des perspectives d'avenir.

IV. Perspectives de la pensée interstitielle qui pourra se présenter comme une « symbiosophie »

Nous disons que cette problématique constitue le pivot central de notre position sur la pensée complexe de Morin. C'est-à-dire que la corrélation entre la philosophie et l'anthropologie de la connaissance s'accompagne chez lui d'une « décolonisation mentale » de la part des penseurs contemporains, pour user de l'expression de l'anthropologue Georges Balandier qui, en son temps, « en effet, a voulu décoloniser la sociologie pour faire une sociologie de la décolonisation » (Cité par G. Gosselin, 1993, p. 11). Autrement dit, l'hypothèse mesurée de la reliance, vérifiée sur la base des théories des formes complexes nous fait dire que même la philosophie qui nous sert d'angle de vision ne saurait être repliée sur elle-même. Elle se donne à penser hors contexte, parce qu'elle est essentiellement ouverture. Elle accepte de dialoguer avec la socio-anthropologie plutôt que de se réduire fonctionnellement à la métaphysique pure.

Concernant l'anthropologie philosophique, tout se passe comme si l'adjectif « philosophique » recouvrait un particularisme excluant ; comme si, dès lors qu'elle était philosophique, l'anthropologie de la connaissance nécessitait un bagage conceptuel spécifique pour l'appréhender et qui échapperait, sur le coup, aux autres domaines des sciences humaines ou sociales. Il nous faut donc une « Symbiosophie », c'est-à-dire cette sagesse qui vise à repenser les présupposés de la philosophie de la connaissance. Elle peut conduire le spécialiste des sciences dites « anthroposociales » à revenir sur sa propre philosophie et à porter sur son héritage « scientifique » un regard autoréflexif. Dès lors, où est la critique ? Où n'est-elle pas ? Pourrait-on s'interroger encore ?

La « Symbiosophie » dont Morin vise l'instauration est une prise de conscience des différentes projections dont l'anthropologie de la connaissance a été l'objet au moyen d'une entreprise de « décolonisation » et de « construction » d'une philosophie de la reliance témoignant ainsi l'âge de la rationalité ouverte. C'est l'âge de la « décolonisation mentale » qui procède à une « déconstruction-construction » des systèmes conceptuels philosophiques et scientifiques à partir desquels les penseurs victimes d'un positivisme réflexif de la métaphysique pure conçoivent leurs analyses avec exclusive des autres domaines de la connaissance humaine (E. Morin, 1984, p. 17).

En fait, re-penser des rapports entre les connaissances, les cultures, les sciences, revient à articuler un comparatisme méthodologique qui sait que la relation à l'autre connaissance passe par le conflit et la hiérarchie, mais qu'il importe de gérer de façon harmonieuse. Dire « les autres » sciences, connaissances, cultures, revient à prendre le soin de ne pas les réduire à un exotisme, fût-il généreux. Plutôt, c'est un acte épistémologique qui tend aussi à postuler, et c'est là une vraie difficulté philosophique, une traduction possible des nouvelles formes de sociabilités, au triple plan éthique, esthétique et philosophique.

De la sorte, on tente ainsi de pénétrer la complexité des sociétés qui marquent la différence entre les « relations entres les choses » et les « relations entre les hommes ». Cela permet au philosophe d'interroger ses représentations tout autant que celles des sociologues et des anthropologues (C. Deschamps, 1992, p. 9). Pour ce faire, la « décolonisation conceptuelle » consiste à « tester » au sens poppérien du mot, la validité des concepts philosophiques dont la récurrence argumentative dans l'œuvre de Morin incite à la réflexion transdisciplinaire nouvelle. Plus explicitement, nous devons mettre en avant un réseau des termes qui se prêtent à de difficiles définitions. Bien plus, des théories et systèmes dominent dans la littérature contemporaine, concernant la mouvance de la pensée scientifique contemporaine à la faveur des théories comme la « chaologie » ou la théorie du chaos, la théorie de la complexité ou théorie des systèmes dynamiques non linéaires, la « catastrophologie » ou la théorie des catastrophes, la théorie de l'imagination, la « thanatologie », la « crisologie », et bien d'autres moins fréquemment employés à l'instar du posthumanisme/ transhumanisme :

> Une démortalité suppose l'existence d'un posthumain doté de nouveaux pouvoirs, d'un nouveau développement de son esprit-/cerveau : s'il y a quelque chose qui va rester de l'humain, c'est son effectivité, sa sensibilité. La transhumanité ne nous enlèvera pas notre capacité à ressentir, la joie, l'amour, l'amitié. Cela n'est qu'une des alternatives possibles du posthumain, celle de la robotisation en est une autre. (E. Morin, 2015, p. 107).

Il faut préciser que ces théories et systèmes sont moins fréquemment employés en raison de ces différentes possibilités du réel et qui réactivent en quelque manière le rêve d'immortalité qui nous hante toujours (V. Souffron et E. Morin, 2013, p. 39). Parce que le caractère philosophique nouveau et pluridisciplinaire de ces concepts impossibles (F. Walter, 2008, p. 317) est toujours pour le moment à construire. De ce fait, toute compartimentation consensuelle entre la philosophie et l'anthropologie autour de la connaissance n'a plus cours. Aussi est-il évident que chacun de ces termes et systèmes de pensée articulée, se rapporte, de façon plus ou moins précise, à un domaine spécifique dans le champ des connaissances que Morin étudie dans le cheminement de sa pensée vers la complexité : les sciences anthroposociales. La reliance est donc cette éthique qui nous montre que rien ne se laisse enfermer de façon étroite dans un domaine de compétence donné.

Puisque nous abordons la reliance de la connaissance, il paraît pertinent de justifier d'abord, dans ce sens, la décolonisation conceptuelle de ladite philosophie qui porte sur la déconstruction de « l'Universel de Surplomb » sous le prétexte théorique que la philosophie est « la mère des sciences ». Pourtant, elle est aussi servante des autres sciences tant sociales que naturelles. La quête de la complexité nous invite à la recherche d'un « Universel latéral » (Cf. M. Merleau-Ponty, 1960, p. 132-133). C'est-à-dire que l'acte de philosopher en contexte anthropologique, c'est comprendre que nulle discipline scientifique n'a le monopole, ni de la philosophie, ni de la rationalité. Pour toutes ces raisons, « toute connaissance est connaissance de reliance des connaissances ».

Notre position sur l'état de la question est que l'anthropologie de la connaissance collabore avec la philosophie de manière à avoir un point de vue objectivement transversal sur l'humain. En effet, mettre en œuvre la démarche anthropologique ne voudrait pas dire que nous réduisons la philosophie à l'anthropologie. Dans le fond, la philosophie de la reliance ne vise pas à diluer la philosophie dans l'anthropologie, l'inverse n'est pas pensable non plus, et encore moins à minimiser la conjonction entre les sciences sociales et les sciences exactes (K.R. Popper, 1956, p. 164). Cette nuance hypothétique nous la devons à Karl Popper au sujet de « l'unité de la méthode » lorsqu'il avertit : « Je ne prétends pas qu'il n'y ait aucune différence d'aucune sorte entre les méthodes des sciences théoriques de la nature et celles de la société ; de telles différences existent clairement, même entre les diverses sciences naturelles elles-mêmes aussi bien qu'entre les diverses sciences sociales. ».

Cela étant, il importe d'élaborer une approche « transactionnelle », c'est-à-dire que dans sa complexité, le discours philosophique peut être prédéterminé par ce qui lui est différent ; tout comme il est possible qu'il soit codéterminé par les autres formes de discours scientifiques, ou surdéterminé par son influence tout à fait relative sur les « formes de vie » (L. Wittgenstein, 2002, p. 98) non objectivables au sens où les sciences naturelles l'entendent.

L'anthropophilosophie de la connaissance ne refuse pas le « mélange » au nom de la reliance du philosophique et du non philosophique. La critique de la démarcation a poussé Michel Serres en particulier à souligner tout justement l'aspect religieux ou dogmatique de la séparation entre les connaissances. D'ailleurs, les recherches actuelles en anthropologie philosophique intègrent certes les critiques contre l'anthropologie culturelle et sociale, mais ces critiques vont au-delà de la conception autarcique du philosopher au cœur des sciences anthroposociales. Plus même, l'« universalité latérale » en faveur de laquelle nous plaidons donne à l'anthropologie philosophique un autre contenu de la connaissance. Car l'anthropologie sociale ou culturelle est souvent caractérisée par son aspect empirique bien marqué. Elle se définit assez souvent par ce que les spécialistes appellent « le terrain » (L. Ferry, 1985, p. 70), c'est-à-dire l'expérience personnelle de l'enquête sur place. Cependant, au risque d'être tendancieux, nous précisons que « l'anthropologie complexe » - à l'opposé d'une conception positiviste des sciences sociales, dans laquelle il n'y a pas de négativité, se trouve l'anthropologie complexe dont Morin vise l'instauration. Généralement, l'anthropologie s'est constituée, en particulier l'anthropologie française, comme l'étude du fait social, du faire social, c'est-à-dire de l'acte simple. Pareille simplicité s'entend, parce qu'un fait social consiste à isoler et à découper des objets. Et si avec Marcel Mauss l'anthropologie a travaillé le social en train de se faire, elle ne s'est pas intéressée à sa défection. L'anthropologie classique s'est construite au moyen du concept. Mais elle n'a pas envisagé le décpte et le défaire. Seul existerait le fait social simple, et non pas ce qui le défait et le détruit, la défection, la déception, la dépression. Avec Morin, l'anthropologie se veut complexe, c'est-à-dire qu'elle ne s'attache plus seulement à l'agir communicationnel humain, mais au pâtir et au passif, ce que l'humain peut subir - travaille à se retrouver dans le « quotidien », dans les formes symboliques et dans les pratiques ostracisées de l'imaginaire, au sens de Castoriadis Cornélius (1975) dont Morin pense d'ailleurs que sa pensée s'affirme à partir de *L'Institution imaginaire de la société*, ainsi que dans les utopies du monde avec Thomas Moore. Cette logique combinatoire révèle une historicité de la rationalité complexe en pleine mouvance dans l'élaboration de la « Symbiosophie ». Dans cette perspective complexe, ce n'est plus la notion « d'autonomie absolue » qui prévaudrait, mais celle « d'autonomie/dépendance ». On peut, à ce titre, reprendre à notre compte une distinction introduite par Gilles Deleuze (1988). Il conviendrait de promouvoir non plus une cohérence entre les connaissances par l'exclusion, celle de la logique classique du tiers-exclu, mais un dynamisme par « flexions » à schèmes multiples, celui que mobilise la logique non classique du tiers inclus.

De la sorte, ce n'est pas le sens plein ou l'absurde qui est déchiffré, mais le sensé ; non pas seulement le rationnel ou l'imaginaire, mais aussi l'intelligible, la norme et le possible ; non pas l'objectivation distante ou la subjectivation immersive, mais également le caractère capacitaire à demeurer un être de pivot. A ce stade de l'analyse, quelques questions se posent : quelles sont les complexités qui se terrent « en creux » de notre connaissance et de notre intelligibilité ? Quelles sont celles dont les simplicités sont effacées quand on les aborde avec des outils conceptuels et les normes méthodologiques des sciences empirico-formelles ? Comment peut-on prendre la mesure de ce qui, chemin faisant, apparaît comme démesuré ? Comment faire science de ce qui se caractérise par du singulier ? Autrement dit, n'y a-t-il de science que de l'Universel ? Quelles sont les complexités qui semblent « aller de soi » pour tous, parce qu'un processus de complexification ou de simplexification a déplacé l'échelle de la détermination des êtres et des choses aux chaos ? Quelles sont les catastrophes auxquelles l'esprit humain ne semble pas prêter attention sous prétexte qu'elles ne relèvent pas de notre imagination ?

C'est à cette série de questions que la symbiosophie tente de répondre, en commençant par éclairer les malentendus déjà entendus sur le statut de la pensée complexe, et cela depuis un demi-siècle d'histoire contemporaine des sciences anthroposociales et naturelles. La symbiosophie s'attache aux vertus de la complexologie ou les intuitions philosophiques de la dialogique. La première renvoie aux aspects philosophiques et approches épistémo-logiques des modèles « crisologiques ». La deuxième est une série d'études sur le relativisme épistémologique des normes de la complexité et du chaos. La troisième vertu laisse dégager l'esprit du temps des catastrophes comme réouverture du débat sur la culture de l'incertain que nous avons acquise aujourd'hui.

Au total, l'enseignement tiré au terme de chaque étape de cet itinéraire sera qu'« une bonne part des difficultés de la théorie de la connaissance réside dans une tendance ancienne. Celle-ci est inaugurée par Parménide d'Élée, Penseur classique à qui on peut se référer pour comprendre comment dans la complexité de la pensée on peut suspendre le temps de son exploration et lui substituer le lieu d'une contemplation.

Contre cette décision originelle, on devra reconnaître qu'aucun lieu n'est disponible pour acquérir une vue désengagée d'un cosmos fermé sur lui-même, monadique, achevé. Et que, par conséquent, la seule option consiste à se confier au temps de l'engagement, du contact, de l'intervention de l'homme dans le monde. Edgar Morin dit, « impliquons-nous » (E. Morin, 2015, p. 21) à l'intérieur d'un monde se laissant anticiper par ceux qui l'habitent au moyen d'une suite ouverte de « relations conjecturées » (M. Bitbol, 2010, p. 23).

Tirant toutes les conséquences de la problématique transversale ainsi posée, la pensée interstitielle laisse envisager une méthodologie complexe dont Morin dégage l'intelligence en donnant également des éléments historiques et théoriques :

> La théorie des systèmes a été créée en 1937 par Ludwig Von Bertalanffy qui a élaboré la notion de ''système ouvert'', exposée dans General system Theory en 1968. Selon lui, un système est un ensemble, un tout composé de parties différentes les unes des autres, et plus il y a d'unité dans la diversité et de diversité dans l'unité, plus la complexité de ce système n'apparaît. [...] J'utilise le mot « organisation » aussi bien que le mot « système », parce que c'est l'organisation qui transforme l'ensemble des parties en un tout. William Ross Ashby a donné la première définition de la complexité en disant : « C'est le degré de variété d'un système. » C'est en fait l'unité d'une diversité qui rend inséparables deux termes qui se repoussent. La notion d'unité tend à rejeter celle de diversité, et inversement. Ce qui est intéressant, c'est que le propre de la nature humaine est son unité génétique, physiologique, anatomique, affective- [...] L'apparent paradoxe, c'est que l'unité crée de la diversité, mais que la diversité elle-même ne peut s'épanouir qu'à partir de l'unité. Cette idée est assez importante dans notre époque planétaire. (E. Morin, 2015, p. 115).

La méthodologie en philosophie de la reliance n'est ni une « méthodologie » au sens classique du mot, c'est-à-dire pour bien conduire la raison et découvrir la vérité dans les sciences suivant le sous-titre du *Discours de la méthode* de René Descartes, ni une rhétorique de forme, mais une grille d'intelligibilité qui permet de tester selon l'acception que Popper donne à ce terme, de vérifier, de légitimer et de rendre raison le déploiement effectif d'une doctrine, d'une théorie ou d'une tendance dans un texte ou un corpus donné. Le modèle de la complexité épistémologique en tant que démarche théorique éloigne le chercheur, particulièrement en sciences anthroposociales, de l'écueil de « l'essentialisme méthodologique » et de la méthode simplement comparative des auteurs ou des systèmes de pensée. La symbiosophie plaide pour une combinatoire des logiques de la conception.

Il nous a paru inopportun de suivre la méthodologie classique qui consiste à étaler et à exposer de façon unidirectionnelle les thèses, au moyen d'une compilation de points de vue émis par les auteurs convoqués dans ce travail, au gain théorique de l'herméneutique (P. Ricœur, 1986, p. 161) philosophique comme méthode de production du savoir et de l'élaboration des réflexions critiques, à la lumière de l'explicitation d'une tendance qui est en quête sur un nouveau paradigme. Autrement dit, c'est l'herméneutique au sens où Paul Ricœur et Christian Berner l'entendent (C. Berner, 2014, p. 119) qui est à l'honneur. La symétrie méthodologique entre l'épistémologie complexe et l'anthropologie philosophique est ainsi établie par le jeu fertile de leur collaboration ou de leurs remises en cause réciproques. Dans la symbiosophie, une anthropologie philosophique sans épistémologie complexe serait pétrifiée, et une épistémologie complexe sans anthropologie philosophique serait béante. Étendant cette leçon dans la philosophie de la connaissance, la méthodologie complexe nous installe fondamentalement au cœur des normes méthodologiques à rechercher et au possible comme principe de l'espérance auquel s'attache le nouvel esprit scientifique. En témoignent « (l') héritage et (les) perspectives de l'École de Francfort » (P.-F. Noppen, 2012, p. 113-137) au sujet de la démarche anthropo-philosophique de l'étude de la société contemporaine. Que peut-on alors en penser ?

Dans la symbiosophie, « la totalité est la non vérité ». Voilà une thèse que l'on peut faire valoir sur le plan méthodo-philosophique pour asseoir les considérations philosophiques sur sa pensée complexe. Il s'agit de l'apport de l'École de Francfort dans la construction et la promotion de la philosophie de la reliance. La thèse d'Adorno doit être mise en exergue : « Le tout est le non-vrai » (T.W. Adorno, 1980, p. 64). En effet, ce célèbre mot d'Adorno est au fond une critique de la méthode hégélienne qui tend à donner à l'esprit la prétention d'être une totalité fermée ou comme dit Hegel lui-même : « Un cercle qui revient en lui-même » (G.W.F. Hegel, 1991, p. 519). La critique de la totalité voudrait donc signifier que cette prétention qu'a l'esprit de saisir rationnellement le monde est intenable. Qui plus est, Adorno ajoute : Toute référence « affirmative et assurée faite au tout-comme si on le détenait vraiment-est fictive » (T.W. Adorno, 2003, p. 324). Ce qui est en jeu, c'est la filiation de l'idéal d'un tout total d'une société apaisée et inclusive. Pareille société ne subsiste, maintenant, que sous la forme d'un concept idéologique (T.W. Adorno, 2003, p. 277).

En conséquence, il n'y a pas de monde vrai à postuler par-delà le monde faux. Repenser la notion de totalité du réel de manière à redéfinir ce qu'elle peut et devrait être, revient aussi à reconnaître la complexité tant de la totalité que de la vérité. On aura compris les motivations qui ont conduit les philosophes de la première génération de l'Ecole de Francfort à s'attarder sur cette question pointue. En témoigne le point de vue d'Horkheimer, pour sa part, qui oppose à Hegel l'idée selon laquelle la dialectique est à comprendre comme ouverture, ou du moins, comme « non fermée » (M. Horkheimer, 1978, p. 183). Ce philosophe propose une alternative de type dialectique lorsqu'il ajoute qu'« une théorie abstraite et définitive […] isolée de la réalité est tout simplement impensable » (M. Horkheimer, 1978, p. 292). Mais alors qu'elle est la place de la complexité dans la thématisation idéale d'une réalité plus ouverte et décalée ? Que suggère cette ouverture ?

Adorno et Horkheimer se rejoignent sur ce point de complexité de la réalité à laquelle l'esprit, pour autant qu'il soit rationnel, ne saurait absolument accéder. Car le sens de la réalité reste encore et toujours à déchiffrer. L'acte de penser ne consiste nullement à « fermer » définitivement le cercle du réel. La vérité transcende la nature changeante des évènements réels, ainsi que celle de l'activité humaine. Qui plus est, le monde n'est pas la totalité des faits. La complexité ontologique s'entend donc au cœur de ce « plus » énigmatique qui excède nos possibilités de conceptualisation. Le mot d'Adorno est très éloquent à ce propos : « Il est indiscutable que l'être n'est pas simplement l'ensemble de ce qui est, de ce qui est le cas. D'une manière antipositiviste, une telle compréhension rend compte de l'excédent du concept sur la facticité. Aucun concept ne serait pensable ni même possible sans ce plus qui fait de la langue ce qu'elle est » (T.W. Adorno, 2001, p. 133).

Conclusion

Nous pouvons l'affirmer sans risque de nous tromper, la philosophie de la reliance des connaissances est au cœur de « la trouée même de *la* question de la connaissance » (M. Bitbol, 2010, p. 682). Mais, au-delà de cette dimension essentiellement théorique, la symbiosophie dont nous visons l'instauration tend tout naturellement vers une logique conversationnelle qui rappelle les vertus de la « logique dialogique ». L'essentiel étant aussi bien dans la qualité du propos que dans le respect qui anime celui qui le profère à autrui. Il s'agit donc de l'acte « argumentatif » de s'entretenir, par-delà ce qui nous divise. Le mot entretien, est-il besoin de le rappeler, possède assez d'acceptions pour susciter l'ambigüité. En revanche, dans le sens que nous lui donnons, il signifie simplement « parler à quelqu'un », conférer sur un sujet. Dans le même élan, il se donne à entendre comme l'acte d'interlocution dialogique qui consiste à parler à plusieurs, à condition que l'échange ne fasse pas l'économie injustifiée de la discussion rationnelle. A ce titre, l'entretien devient adéquat quand il s'agit d'un simple dialogue mécanique.

La symbiosophie laisse entendre que l'esprit n'est rien sans écoute, sans une commune disposition mentale à laisser l'autre s'exprimer pleinement, argumenter, réagir tout sainement. C'est la raison pour laquelle la reliance ne se réduit pas aux connaissances. Elle intéresse aussi les idées émises par les interlocuteurs au nom d'une politesse élémentaire qui devrait forcément être de mise.

Dans cette « communicalisation » des idées, la pensée interstitielle y donne à penser le fait de laisser la parole aller et venir, s'attarder, se préciser, hésiter parfois. C'est dire que le pouvoir des idées n'appartient pas absolument à celui qui questionne, ou plus encore à celui qui répond. L'art de la logique conversationnelle n'est pas celui du formatage des pensées intersubjectivement partagées. Puisqu'il arrive un moment où, dans cet agir communicationnel, la parole se livre avec une telle liberté que rien ne doit la contraindre, la ralentir, l'occulter ou l'aliéner. Céder à la tentation revient à heurter de front les vertus de la symbiosophie.

Cela étant posé, dans l'éthique de la reliance, normalement, il n'y aurait pas de préalable que supposerait l'art de la conversation. Si ce n'est celui d'être infiniment respectueux de l'opinion d'autrui pour ne pas la tronquer. Donc, il s'agit tant d'échanger avec la bienveillance naturelle que présume l'entretien. Les sujets abordés le sont sans exclusive, susceptibles d'accroître le champ des intérêts. Chacun accordant à l'autre la liberté de penser, c'est-à-dire d'ajouter encore, au fil de l'inspiration, ce qui viendrait presque naturellement compléter l'échange : « La bagatelle, la science/les chimères, le rien, tout est bon. Je soutiens. Qu'il faut de tout aux entretiens », écrit La Fontaine. (*Fables*, X, 1.).

Voilà la nouvelle logique conversationnelle qui nous fait dire que la priorité des objets de connaissance sur les relations peut s'étendre également jusqu'aux pensées. Cette dynamique engage aussi le primat des relations entre les connaissances sur les objets. Pour ce faire, elle se trouve ainsi continument réévaluée à titre de fonctionnalité heuristique d'un chantier de connaissance, plutôt qu'arrêtée dans une thèse. Ainsi se décèle à nouveau la part de la dissonance cognitive entre la complexité comme « concept-problème » et la complexité comme « concept-solution » ? Le complexologue, pourrait-on dire, ne cherche pas une trouvaille à sa question, mais une réaction vivante et continue dans l'ambiance de sa pensée qui n'est jamais en congé, avant de s'apercevoir que les normes méthodologiques même de sa recherche scientifique sont ce qui lui donne l'impression d'avoir trouvé ce qu'il n'a pas cherché au départ. Cela s'appelle la « séryndipity ».

Indications bibliographiques

Ouvrage d'Edgar Morin et sur Edgar Morin

MORIN Edgar, 2015, *Penser global. L'humain et son univers*, Préface de Michel Wieviorka, Robert Laffont/Éditions de la Maison des Sciences de l'homme, coll. « Interventions », septembre 2015. (Ouvrage issu des six conférences prononcées par l'auteur entre 2013 et 2014, dans le cadre du Cycle de Conférences « Penser-Global », co-organisé par le Collège et l'Université Paris 1 Panthéon-Sorbonne.).

MORIN Edgar, 2014, *Au rythme du monde. Modes, crises, révolutions, Décrypte un demi-siècle d'histoire contemporaine*, Paris, Éditions Archipoche.

MORIN Edgar et RAMADAN Tariq, 2014, *Au péril des Idées. Les grandes questions de notre temps*, « dialogue », Paris, Presses du Châtelet.

MORIN Edgar, (2012), *Colloque International et Interdisciplinaire*, 4è rencontres de socio-anthropologue de Grenoble, « Comment peut-on

être Socio-anthropologue aujourd'hui ? Autour d'Edgar Morin », Paris, L'Harmattan.
MORIN Edgar, 2004, *La Méthode 6. Éthique*, Paris, Seuil.
MORIN Edgar, 1984, *Sociologie,* Paris, Fayard.
MORIN Edgar, 1999, *Relier les connaissances*, Paris, Seuil.
MORIN Edgar, 1999, *La tête bien faite*, Paris, Seuil, coll. « l'histoire immédiate ».
MORIN Edgar, 1977, *La Méthode I. La nature de la Nature*, Paris, Seuil.
SOUFFRON Valérie et MORIN Edgar, 2013, *L'homme et la mort, Pour une anthropologie de la mort, suivi d'un entretien avec Edgar Morin*, Paris, Ellipses.
MORIN Edgar et Pistoletto M., 2015, *Impliquons-nous*, Paris, Actes Sud.
NSONSISSA Augustin, 2010, *Transdisciplinarité et transversalité épistémo-logiques chez Edgar Morin,* Préface d'Edgar Morin, coll. « Ouverture philosophique », Paris, L'Harmattan.
BANYWESIZE Emmanuel, 2010, « Pensée interstitielle. Contribution critique d'Auguste Nsonsissa à l'épistémologie de la complexité d'Edgar Morin », Postface, In Nsonsissa, A., (2010), *Transdisciplinarité et transversalité épistémo-logiques chez Edgar Morin*, Paris, L'Harmattan.

Autres ouvrages

ADORNO Theodore W., 2003, *Trois études sur Hegel*, trad. franç., Collège de Philosophie, Paris, Payot.
ADORNO Theodore W., 2001, *Dialectique négative*, trad. franç., Collège de philosophie, Paris, Payot, « Petite philosophie ».
ADORNO Theodore W., 1980, *Minima moralia ; réflexion sur la vie mutilée*, trad. franç., E. Kaufhloz et J.-R. Ladmiral, Paris, Payot.
BENOIST J., 2000, *Les limites de l'intentionalité*, Paris, Vrin.
BERNER Christian, 2014, « Le paradigme herméneutique du dialogue, entre l'écrit et l'oral », in *Cahiers de Logique et d'Epistémologie, vol. 20. Entre l'orature et l'écriture. Relations croisées* (dir.), College Publications Scientific, Individual authors and College Publications.
BITBOL Michel, 2010 *De l'intérieur du monde. Pour une philosophie et une science des relations*, Paris, Flammarion, coll. « Bibliothèque des savoirs ».

BITBOL Michel, 1997, *Mécanique quantique. Une introduction philosophique*, Paris, Flammarion, coll. « Champs ».

BITBOL Michel et LAUGIER Sandra, (1997), (éd.), *Physique et Réalité. Un débat avec Bernard d'Espagnat*, Paris, Editions Frontières.

BOHR Niels, 1991, *Physique atomique et connaissance humaine*, Paris, Gallimard, coll. « Folio ».

BOURGINE P. (2008), *Déterminisme et Complexités : du physique à l'éthique. Autour d'Henri Atlan*, Paris, La Découverte.

CARNAP Rudolf, 2015, *Testabilité et signification*, Paris, Vrin.

CASTORIADIS Cornélius, 1978, *Les Carrefours du labyrinthe*, Paris, Seuil, coll. « Esprit ».

CASTORIADIS Cornélius, 1975, *L'Institution imaginaire de la société*, Paris, Seuil.

CASSIRER Ernst, 2005, *Le problème de la connaissance dans la philosophie et la science des temps modernes*, II, Paris, Éditions du Cerf.

LARRERE Catherine et LARRERE Raphael, 2009, *Du bon usage de la nature. Pour une philosophie de l'environnement*, Paris, Flammarion, coll. « Champs-Essais ».

CAZENAVE M., 2005, *De la science à la philosophie. Y 'a-t-il une unité de la connaissance* ? Paris, Albin Michel.

COHEN H., 2000, *Le principe de la méthode infinitésimale et son histoire*, Paris, Vrin.

DELPLA L., 2001, *Quine, Davidson. Le principe de charité*, Paris, PUF.

DELEUZE Gilles, 1988, *Le pli. Leibniz et le baroque*, Paris, Minuit.

Derrida, J., 1972, *Marges de la philosophie*, Paris, Minuit.

DESCHAMPS C. (dir.), 1992, *Philosophie et anthropologie*, Paris, Editions du Centre Pompidou.

DESCOLA P, 2005, *Par-delà nature et culture*, Paris, Gallimard.

DESTOUCHES Jean-Louis, 1942, *Principes fondamentaux de physique théorique*, Paris, Herman.

DOKIC Jean et ENGEL Pascal, 2001, *Ramsey. Vérité et succès*, Paris, PUF.

D'ESPAGNAT Bernard, 1994), *Le Réel voilé*, Paris, Fayard.

FERRY Luc et Renault Alain, 1985, La pensée 68. *Essai sur l'antihumanisme contemporain*, Paris, Gallimard.

GOSSELIN G., 1993, *Les nouveaux enjeux de l'anthropologie : autour de Georges Balandier* (dir.), Paris, L'harmattan, coll. « Logiques Sociales ».

HEGEL G.W.F., 1991, *Phénoménologie de l'esprit*, trad. franç., J.P. Lefèvre, Paris, Aubier.
HEGEL G.W.F., 1947, *Science de la logique*, trad. franç., S. Jankélévitch, Paris, Aubier Montaigne.
HINTIKKA Jaako, 1994, *La philosophie des mathématiques chez Kant*, Paris, PUF.
HORKHEIMER Max, 1978, *Théorie critique : essais*, Paris, Payot.
HOTTOIS Gilbert, 2015, *Encyclopédie du trans/posthumanisme. L'humain et ses préfixes*, Paris.
MAFFESOLI M., 2010, *Matrimonium. Petit traité d'écosophie*, Paris, CNRS Éditions.
NSONSISSA Augustin, 2014, *Pensée et composition des pensées chez Frege*, coll. « Fondements de la philosophie contemporaine des sciences », Paris, Dianoia/Puf.
NSONSISSA Augustin, 2014, *Réflexions épistémologiques sur la Crisologie,* Préface du Professeur Charles Zacharie Bowao, coll. « Ouverture philosophique », Paris, L'harmattan.
NSONSISSA Augustin, 2012, In *Colloque International et Interdisciplinaire*, 4è rencontres de socio-anthropologue de Grenoble, « Comment peut-on être Socio-anthropologue aujourd'hui ? Autour d'Edgar Morin » Laboratoire de Sociologie de Grenoble EMC^2-LSG/UPMF, Emotion-Médiation-Culture-Connaissance, Université Pierre Mendez France, Sciences sociales et Humaines, les 20 et 21 janvier 2012, Amphi G, Campus Universitaire, (dir.) Florent Gaudez.
NEYRAT F., 2015, *Homo Labyrinthus. Humanisme, antihumanisme, posthumanisme*, Paris, Editions Dehors.
NOPPEN P.-F. (dir.), 2012, « Le modèle marxien : matérialisme et critique chez Adorno », in *Les Normes et le possible. Héritage et perspectives de l'École de Francfort,* Paris, La Maison des Sciences de l'homme, Paris.
OLIVIER M., 2015, *Quine,* Paris, Les Belles Lettres, coll. « Les figures du savoir. »
POPPER Karl R., 1956, *Misère de l'historicisme*, trad. franç., d'Hervé Rousseau, révisée et augmentée par Renée Bouveresse, à la demande de Sir Karl Popper, Paris, Plon.
PONTY M.M., 1960, *Éloge de la philosophie*, Paris, Gallimard, coll. « Folio-essais ».
RICOEUR Paul, 1986, *Du texte à l'action. Essais d'herméneutique* II, coll. « Esprit », Paris, Seuil.

Sève L., 2005, *Émergence, complexité et dialectique. Sur les systèmes dynamiques non linéaires*, (dir.) Janine Guespin-Michel, Paris, Odile Jacob.
VERLEY X., 2003, *Carnap, Le symbolique et la philosophie*, Paris, L'Harmattan, coll. « Ouverture philosophique ».
WALTER F., 2008, *Catastrophes. Une histoire culturelle XVIe-XXI^è siècle*, Paris, Seuil.
WITTGENSTEIN Ludwig, 2002, *Remarques mêlées*, trad. franç., Paris, Garnier Flammarion.

La Recherche-Développement et l'injonction d'endogénéité ou de contextualisation : enjeux de savoir, jeux de pouvoir et de repositionnement stratégique

Landry Patrice Romain NDOUNOU

> « Ô regredire, ô pensare la società.
> Ou on régresse, ou on pense la société. » (V. SHIRIMA, 1983, n°23/24, 240).

> « Toute science a une structure politique, c'est-à-dire que toute science, théorique et pratique, n'est pas séparable de la vie entière de la société. La science est un produit culturel, un produit de l'histoire sociale. La science a une grande fonction sociale. Autrement dit, la science agit sur la vie et la vie agit sur la science : c'est là une perception fondamentale de notre conscience moderne. La politique, en Afrique, doit par conséquent tout faire pour mettre la science, théorique et pratique, au service des peuples du continent. Les scientifiques africains, toutes catégories confondues, doivent aussi, d'eux-mêmes et par eux-mêmes, faire l'effort requis pour mettre la science, théorique et pratique, au service du développement social, économique, industriel, scientifique, culturel du continent africain. » (T. Obenga, 1994, p. 1-2).

Introduction

A bientôt cinquante-cinq (55) ans d'indépendance, peu nombreux sont encore les Etats africains au sud du Sahara qui peuvent, aujourd'hui, se prévaloir d'avoir atteint un niveau de développement optimal. C'est-à-dire, un stade d'évolution propre à satisfaire à l'exigence d'autodétermination et au principe d'auto-affirmation qui, pourtant, constituaient le sens profond et la raison d'être essentielle du combat pour l'accession à la souveraineté internationale. Force est, en effet, d'observer, en bien des occurrences, que les objectifs de développement économique initialement affichés, couplés à l'orchestration postulée d'un tissu scientifique et industriel performant à même de catalyser le génie créateur et les capacités productrices des sociétés africaines, ne se sont pas toujours traduits par des résultats concluants. Conséquence, en matière de consommation de produits de base, mais également eu égard à l'innovation technologique et scientifique de premier ordre, l'Afrique subsaharienne reste encore, pour une part significative (à quelques exceptions près), dépendante de la production (intellectuelle, culturelle, scientifique et industrielle) émanant de cadres paradigmatiques étrangers. Ceci est, par ailleurs, observable relativement aux modèles de planification du développement ainsi qu'en ce qui touche les volets institutionnel, constitutionnel, politique, et éducationnel, en somme. Rétrospectivement, en effet, il apparaît clairement que les Etats africains ont adopté des formes d'organisation de la vie politique et sociale (démocratie, constitutionnalisme, centralisme, libéralisme, capitalisme, etc.), sans qu'un grand compte fût tenu de l'*« endogène »*, en l'espèce : des spécificités typiques des modes d'organisation socioéconomique et juridico-politique qui prévalaient antérieurement au sein de ce continent. Cette propension au *mimétisme*, cette dépendance structurelle à l'égard de *l'empire des paradigmes étrangers*, cette auto-délégation – qui n'est pas sans évoquer quelque chose de l'ordre de la renonciation, de la démission, de l'abdication somme toute – de la pensée, et par la pensée, au profit d'un tiers, caractérise ce que l'historien Joseph Ki-Zerbo qualifiait comme étant le fait de *« dormir sur la natte des autres »* (J. Ki-Zerbo, 1992, VII). A ce titre, relevait-il, elle n'est pas de nature à favoriser l'avènement sur la scène mondiale d'une Afrique effectivement indépendante, autonome, forte : c'est-à-dire qui s'auto-engendre, et qui se pose comme puissance à même de redéfinir à son profit les termes qui président à la détermination des rapports de force entre les pays et les continents.

Tout bien considéré, ne devrait-on pas être fondé à penser avec le *Grand historien* Joseph Ki-Zerbo que la bataille pour la libération politique et le développement de l'Afrique passe préalablement par l'émancipation à l'égard du faisceau des paradigmes, principes d'action et autres présupposés (théoriques, philosophiques, idéologiques, praxéologiques) qui prédisposent à la mise sous tutelle structurelle des Etats du continent ? L'*extraversion paradigmatique* apparaîtrait ainsi comme la cause majeure de l'échec du développement au sein des Etats africains. Davantage, elle semble constituer aussi, tel un avatar tardif, insidieux et pernicieux, du *« Pacte colonial »,* la matrice sur laquelle se greffent les mécanismes portant perpétuation systématique et systémique de la domination du continent.

Alternativement, et corrélativement, à l'heure des bilans, les efforts réalisés par les chercheurs africains en faveur de la *Recherche-Développement Endogène,* entendue ici comme critique des *paradigmes dominants* ou nécessité de subversion constructive (objective) par rapport à *l'Empire des paradigmes* (Mamoussé Diagne), ne devraient-ils pas ainsi constituer l'acte inaugural fondamental susceptible de nous permettre d'envisager pour les peuples de ce continent, un avenir qui soit, enfin, conforme aux idéaux qui avaient sous-tendu, il y a maintenant bientôt soixante ans (60 ans), le cri de ralliement (ou la revendication) désormais historique relatif au « droit des peuples à disposer d'eux-mêmes » ? (Wilson, *ONU* et *Conférence de Bandoeng*).

Cet essai entend donc revisiter le caractère opératoire du concept de *Recherche-Développement-Endogène* qu'appelaient de leurs vœux l'historien Joseph Ki-Zerbo, ses collègues et collaborateurs. Ceci, dans une approche à la fois rétrospective, prospective et critique. C'est-à-dire, une démarche qui tienne compte des mutations sociologiques opérées au sein des Etats africains et, par extension, de l'intérêt, du sens, de la nécessité ainsi que des limites inhérentes à toutes tentatives d'*endogénéisation* (ou de *contextualisation*), en matière de définition des facteurs sociaux et de production susceptibles d'accompagner le continent africain hors des affres du mal développement.

I. De l'imposture morale et intellectuelle à la nécessité de la restauration de la vérité historique

I. A. De la postulation de l'inhumanité du Nègre à la nécessité d'une réévaluation de l'histoire de l'Afrique

Le fait est que pendant longtemps, l'histoire de l'Afrique s'est, en filigrane, imposée aux Africains, et notamment à ses élites intellectuelles, comme l'expression d'un défi majeur, d'un problème épistémologique essentiel, que l'on a, par ailleurs, longtemps entretenu et tenu pour irréductible, à savoir : le *problème du miroir* ou du prisme déformant qu'a souvent constitué la perception, par l'Occident, de l'Afrique. Ce *regard de l'Autre*, marqué du sceau infamant du préjugé défavorable, n'a effectivement eu de cesse de postuler, en son principe, la vacuité ou l'absence de l'Afrique comme *territoire de l'histoire*. C'est le *paradigme de l'an-historicité* des peuples dits *primitifs* : peuples présumés sans histoire, peuples prétendument sans culture ni civilisation dignes de satisfaire à cette exigence morale, primordiale et préjudicielle que renferme l'*Idée* d'*Humanité*.

C'est dans ce contexte de *dénégation de l'historicité du Nègre* qui, à la réflexion, n'était rien d'autre qu'une manière subreptice de décréter la *non-humanité* de ce dernier, que va se construire la pensée des premiers grands historiens africains : Joseph Ki-Zerbo, Ibrahima Baba Kaké, Cheikh Anta Diop, en l'espèce, dont la trame du discours s'emploiera en substance à contrebalancer cette tendance lourde…

a) Le contexte de l'énonciation du discours : de la dénégation historique

> « Tant que les lions n'auront pas leurs propres historiens, les histoires de chasse continueront de glorifier le chasseur » (Proverbe africain)

L'histoire apprise, du moins celle que véhiculait l'*école française* que fréquentait Joseph Ki-Zerbo, se caractérisait par une certaine donnée constante essentielle, un élément invariant sur la base duquel elle s'était édifiée. Ce facteur déterminant reposait sur le fait que l'*école coloniale* constituait un des maillons essentiels, un des principaux vecteurs en somme de l'appareil idéologique dont la vocation hégémonique était avérée. En effet, en tant que bras séculier de la domination coloniale, l'école constituait le lieu de production privilégiée de l'entreprise de légitimation, de justification somme toute de la *mission civilisatrice*. Et dans cette veine, la *science historique*, devait être fondée à accompagner les mécanismes psychologiques d'inhibition et d'aliénation grâce auxquels toute tentative de résistance de la part du colonisé serait rendue vaine. La *science historique* (mais aussi l'anthropologie, l'ethnologie, la philosophie, la géographie, la littérature, la biologie, etc.) postula donc l'absence de toute conscience hitoricisante et historique chez les peuples colonisés. La science, en général, instrumentalisée par l'entreprise coloniale, s'employa avec force à ancrer cette idée dans l'esprit des élèves africains notamment. La formation scolaire, secondaire, professionnelle et universitaire des premiers élèves issus de la colonisation occidentale fut ainsi marquée par une absence notable de l'histoire du continent noir. Ou alors, lorsqu'il était fait quelque allusion à ces peuples, c'était généralement pour en parler de façon fort dépréciative. C'est-à-dire qu'il était alors effectivement question d'évoquer des faits visant à conforter l'idée que ces «*peuples arriérés*», supposés «*sans écriture*», n'avaient précisément pas d'histoire. Du moins, que cette histoire, qui ne commençait qu'avec la survenue de l'homme blanc dans l'univers socioculturel africain, n'était tout au plus qu'une sorte d'appendice de l'unique histoire universelle, une histoire sur fond de domination, d'aliénation. En somme, qu'elle ne devrait être essentiellement annexée qu'à la seule vraie histoire qui eût fait vraiment sens : celle, en l'occurrence, des peuples occidentaux, civilisés, hégémoniques, dominateurs et… civilisateurs…

C'est ainsi que sous la plume de bien des intellectuels européens, dont Victor Hugo, l'Afrique était décrite ni plus ni moins, de façon vague et diffuse, comme une sorte de territoire des ombres, terre des paradoxes, un *no man's land*, un monde sauvage, sans foi ni loi : « *flamboiement tropical* », terre « *morte* » et aveuglante au sein de laquelle le trop plein *« de soleil »* ne déboucherait pas, tel un oxymore, sur autre chose que sur un *« excès de nuit »*. L'Afrique, ce non-sens historique et spirituel, se donnait prioritairement à voir comme un continent obscur où primaient l'horreur, l'obscurantisme et la vacuité :

> Quelle terre que cette Afrique ! L'Asie a son histoire, l'Amérique a son histoire, l'Australie elle-même a son histoire, qui date de son commencement dans la mémoire humaine ; l'Afrique n'a pas d'histoire ; une sorte de légende vaste et obscure l'enveloppe. Rome l'a touchée pour la supprimer ; et quand elle se crut délivrée de l'Afrique, Rome a jeté sur cette morte immense une de ces épithètes qui ne se traduisent pas : Africaportentcsa (Victor Hugo, cité par K. Labiause, 2008, p. 35).

La position que défend ici Victor Hugo, loin d'être isolée, a plutôt été largement majoritaire. En effet, on trouve dans la vulgate traditionnelle des auteurs, intellectuels européens, philosophes et autres humanistes pourtant gagnés aux idéaux des *Lumières* et de la modernité politique, des propos fort contradictoires, où apparaissent le racisme et la négation ontologico-historique de l'Afrique et des peuples qui s'y trouvaient. Jean-Jacques Rousseau, David Hume, Emmanuel Kant, Georg W. F. Hegel, Saint-Simon, Bossuet, Montesquieu, Voltaire, Renan, Jules Ferry, Teilhard de Chardin, Albert Schweitzer, De Gaulle et quasiment tous les grands philosophes de cette période et les hommes les plus influents du 20e siècle ont ainsi ouvertement fait l'apologie de la *mission civilisatrice,* sur fond de lieux communs dénégateurs et négrophobes. A l'exception notable de Condorcet, qui n'a pas manqué de relever les apories où conduisait une telle défense et illustration de l'esclavage des peuples dits indigènes, les pourfendeurs de l'autoritarisme et défenseurs de la liberté en Europe, dans leur grande majorité, n'ont généralement éprouvé aucune gêne à appuyer le processus de mise sous tutelle sur fond de dénégation essentialiste du continent noir (L. Sala-Molins, 1992a ; L. Sala-Molins, 1992b ; L. Sala-Molins, 1987-2002 ; Condorcet, 2001 ; O. Tobner, 2007).

En vérité, ce que cachait cette postulation relative à la présumée vacuité historique, culturelle, politique, économique et, en définitive ontologique de l'Afrique et des Africains, c'est une opération insidieusement planifiée, visant notamment, pour l'essentiel, à légitimer, à justifier, à fonder en raison et moralement, entre autres : la *« mission civilisatrice »*, l'expansion hégémonique de l'Europe sur le Monde et l'Afrique, la défense et garantie de la supériorité de la civilisation européenne sur celle des autres peuples prétendument ontologiquement subalternes et arriérés. Intérêts économiques, industriels et scientifiques de premier ordre. Enjeux de développement et de progrès socioculturel ; jeux de pouvoir et mainmise assurée sur les ressources énergétiques stratégiques et diplomatiques disponibles ou à explorer… Telles étaient les véritables motivations qui ont conduit l'Europe à concevoir un discours de néantisation, de dénégation et de discrédit systématique à l'égard de l'Afrique, des hommes et des nations qui la constituaient. La suite de la déclamation à tout le moins lyrique de Victor Hugo est de ce point de vue très édifiante, déconcertante et sans appel :

> Allez, Peuples ! Emparez-vous de cette terre. Prenez-là. A qui ? À personne ! Prenez cette terre à Dieu. Dieu qui donne la terre aux hommes, Dieu offre l'Afrique à l'Europe. Prenez-là. Où les rois apportaient la guerre, apportez la concorde. Prenez-là, non pour le canon, mais pour la charrue ; non pour le sabre, mais pour le commerce ; non pour la bataille, mais pour l'industrie ; non pour la conquête, mais pour la fraternité. Versez votre trop-plein dans cette Afrique, et du même coup résolvez vos questions sociales, changez vos prolétaires en propriétaires ; allez, faites ! Faites des routes, faites des ports, faites des villes ; croissez, cultivez, colonisez, multipliez, et que, sur cette terre, de plus en plus dégagée des prêtres et des princes, l'Esprit divin s'affirme par la paix et l'Esprit humain par la liberté ! » (V. Hugo, op.cit., p. 36).

Pouvait-on véritablement réaliser la liberté par la colonisation, la soumission et l'humiliation ? Instaurer la paix entre les *« peuplades sauvages »,* par le canon et le pillage ou la spoliation ? Apporter la civilisation, par le recours au génocide culturel, le meurtre institutionnalisé, l'esclavage, la déportation, l'absolue négation ou néantisation de l'*Autre* dans son essence, sa *quiddité* irréductible ? Le refus de reconnaître l'*Humanité* en *l'Autre* ? Nous faudrait-il reconnaître ici rien d'autre que l'expression ambivalente et problématique de la manifestation de *la ruse de la raison* dont l'histoire seule a le secret ? Non ! la déclamation prétendument humaniste de Victor Hugo cache mal un plaidoyer systématique et systémique en faveur de l'expansion et de l'exploitation coloniales… Et l'institution scolaire, l'école coloniale, au même titre que l'institution de la religion (l'Eglise : romaine, apostolique, catholique, anglicane, protestante ou orthodoxe), devait jouer le rôle plus ou moins ambigu et néanmoins fondamental et décisif de vecteur privilégié des mécanismes structurels de subalternation et de légitimation « morale » de l'entreprise coloniale. Pour mieux asservir ces peuples, il fallait naturellement et fort logiquement commencer par en nier l'existence.

A l'analyse, une telle démarche répondait à une dynamique fort bien élaborée, et dont la visée ultime et primordiale n'était autre que la mise en œuvre effective, via l'école, d'un système de contrôle idéologique, politique, économique, administratif et socioculturel, visant à garantir et à perpétuer, grâce à la collaboration des relais ou agents auxiliaires notamment, le maillage et la mise sous tutelle des territoires et peuples non européens. Ce constat d'une institution scolaire mise en œuvre et instrumentalisée à des fins de l'exercice effectif, à grande échelle, de l'*imperium* ou du *magistère colonial*, apparaît du reste rétrospectivement avec acuité et distinctement à travers les propos suivants émanant d'historiens français :

> L'éducation est placée au cœur du processus de justification idéologique de la colonisation, de manière explicite dans le cas de l'empire français où elle a été théorisée en tant que « conquête morale ». Sa plasticité et la diversité de ses modalités – qu'il s'agisse du développement des écoles mais aussi d'une « éducation par le travail » - ont été bien étudiées. Par ailleurs, elle fait également l'objet d'un surinvestissement car elle est, au même titre que dans les métropoles, un outil de contrôle politique, socio-économique et culturel, en élaborant et en transmettant des cadres de référence intellectuels ainsi qu'en orientant l'enseignement destiné à former des agents subalternes de la colonisation ». (C. Labrune-Badiane, M.-A. de Suremain, P. Bianchi, 2012, p. 7-8).

Pour prolonger la réflexion, se reporter à cet égard, entre autres, aux textes suivants : J.M. Ela (1989) ; T. Obenga (2001) ; J. Ki Zerbo (2003) ; J. Ki Zerbo (1978); J. Ki Zerbo (1992) ; C. Anta Diop (1979) ; C. Anta Diop (1981) ; C. Nziengui Doukaga (2013) ; A.B. Konaré (2008) ; M. Gassama (2008) ; J.-P. Chrétien (2008) ; M. DIOP B., D. DIENG (2008).

C'est donc contre cette idée aux conséquences stratégiques fort dommageables pour l'émancipation et le développement futurs des peuples et Etats d'Afrique que s'éleva notamment Joseph Ki-Zerbo. Son propos à cet égard est suffisamment révélateur quant au matraquage psychologique profond dont étaient déjà l'objet les écoliers de cette époque, du malaise profond et déstabilisant que cela entraînait dans l'esprit de ceux qui en avait pris conscience, de la nécessité corrélative d'y mettre un terme : « Son absence [l'histoire de l'Afrique] nous faisait mal et nous donnait soif. Le désir de l'exhumer, de s'en revêtir, est né de cette contradiction » (J. Ki-Zerbo, 2003, p. 11).

Ainsi, c'est pour lutter contre ce déni de l'histoire et de l'historicité des peuples noirs, qu'il avait fort opportunément identifié comme étant le *« barrage des mythes »* (J. Ki-Zerbo, 1978, p. 9-38) inhibiteurs et déstructurant de la conscience des peuples du continent africain que J. Ki-Zerbo – avec quelques autres C. A. Diop, I. Baba Kaké, etc. – , va se résoudre à s'engager dans ce vaste chantier : le défi majeur pour le présent et l'avenir du continent qu'est la réécriture de son histoire, la réappropriation de sa mémoire, le contrôle de son passé, partant, l'éveil et la veille de sa conscience historico-politique…

b) De la nécessité de la réhabilitation : C. A. Diop, Ibrahima Baba Kaké, J. Ki-Zerbo et le « barrage des mythes »

> L'histoire dira un jour son mot, mais ce ne sera pas l'histoire qu'on enseigne à Bruxelles, Paris, Washington ou aux Nations unies, mais celle qu'on enseignera dans les pays affranchis du colonialisme et de ses fantoches. L'Afrique écrira sa propre histoire et elle sera, au nord et au sud du Sahara, une histoire de gloire et de dignité ? (E.P. Lumba, 1962, p. 389s).

A l'analyse, aider à la restauration de la conscience historique des peuples africains et des sociétés qui leur sont organiquement liées, participe d'une démarche stratégique dont la dimension éminemment politique ne saurait échapper à toute autorité (morale, politique, intellectuelle) véritablement consciente de sa responsabilité historique, tant à l'égard d'elle-même que relativement à l'avenir auquel elle destine son peuple. Cette idée fondamentale était du reste partagée par le savant sénégalais Cheikh Anta Diop, qui était gagné à la conviction du rôle cardinal qu'il convenait d'assigner à l'Histoire. Celle-ci sera dès lors considérée comme une discipline matricielle, indispensable, sans le recours de laquelle serait rendue vaine toute entreprise durable et efficiente d'émancipation, d'élévation morale, intellectuelle et spirituelle, de progrès social et culturel, de développement économique et industriel. En effet, aimait-il à affirmer, à juste titre au demeurant :

> Le rôle de l'Histoire, dans l'existence d'un peuple, est vital : [car] l'Histoire est un des facteurs qui assurent la cohésion des différents éléments d'une collectivité ; une sorte de ciment social. Sans la conscience historique les peuples ne peuvent pas être appelés à de grandes destinées (C.A. Diop, 1990, p. 115).

Mais encore :

> L'usage de l'aliénation culturelle comme arme de domination est vieux comme le monde, chaque fois qu'un peuple en a conquis un autre, il l'a utilisée. Il est édifiant de souligner que ce sont les descendants des Gaulois contre qui César s'était servi de cette arme qui, aujourd'hui, l'emploient contre nous. ''A la valeur singulière de nos troupes, les Gaulois opposaient des inventions de toute espèce, car ils sont très industrieux et très adroits à reproduire tout ce qu'on leur montre.'' On voit bien ici que le conquérant romain déniait aux Gaulois rebelles toute capacité de création, c'est-à-dire ce qui fait la valeur suprême de l'homme et ne leur reconnaissait que les qualités, dites inférieures, d'imitation. A l'heure actuelle, c'est une situation identique que nous trouvons en Afrique et dans tous les pays colonisés. On saisit le danger qu'il y a à s'instruire de notre passé, de notre société, de notre pensée, sans esprit critique, à travers les ouvrages occidentaux. Devant cette attitude généralisée des conquérants, une réaction naturelle d'autodéfense était à prévoir au sein du peuple africain, réaction tendant, évidemment, à enrayer le mal quotidien que nous font ces armes culturelles redoutables au service de l'occupant. Il n'y avait pas deux manières de s'y prendre : compte tenu de ce qui précède, ces théories sont, a priori fausses, parce qu'elles ne cherchent pas à atteindre la vérité. Si quelqu'une d'entre elles se souciait de le

> faire, une éducation occidentale faussée depuis des générations la priverait de la force nécessaire pour y parvenir. Il devient donc indispensable que des Africains se penchent sur leur histoire et leur civilisation et étudient celle-ci pour mieux se connaître : arriver ainsi, par la véritable connaissance de leur passé, à rendre périmées, grotesques et désormais inoffensives ces armes culturelles (C.A. Diop, 1979, p. 14-15).

Eu égard à ce qui précède, il apparaît que le procès ou la décision qui entend instruire la réécriture de l'histoire du continent africain, des différents peuples, nations et Etats qui lui sont constitutifs, procède d'une dynamique que l'on pourrait fort logiquement qualifier d'impératif épistémologique. Cet impératif catégorique d'essence épistémologique se déclinera nécessairement avec l'historien Ibrahima Baba Kaké sur le mode de « *Combats pour l'histoire* ». « *Combats pour l'histoire africaine* », titre fort éloquent et évocateur de son ouvrage éponyme (I. Baba Kake, 1982) *Combat*, contre le déni historico-ontologique, afin de restituer le sens effectif de l'historicité des sociétés africaines ; *combat*, pour rétablir, au-delà des mythes et de l'imaginaire typique de la logique coloniale, la vérité historique et, ainsi, récuser le non-sens que représente la postulation ou l'idéologie inhibitrice, déstabilisatrice et dénégatrice, certes erronée mais insidieusement et tendancieusement répétée, et partant auto-intériorisée par les Africains eux-mêmes notamment, d'une Afrique antérieurement habitée par une horde de primitifs et autres sauvages plus proches de l'animalité que de l'humain, et qui, de ce fait, n'auraient jamais réalisé quelque invention ou production qui pût prétendre participer de la culture ou de la civilisation dans ce qu'elles ont de plus abouti ; « *combat pour l'histoire* », enfin, à l'effet de repenser pour l'amender, aujourd'hui, dans l'esprit des jeunes générations d'Africains, une conscience historique lacunaire à plusieurs égards, pour ainsi prédisposer à l'éveil des consciences d'acteurs sociaux (culturels, politiques, économiques, industriels et technoscientifiques) majeurs en Afrique. En l'occurrence, de sujets historiques dont le degré de conscientisation politique et de maturation rationnelle ouvrirait à la perspective et à la conviction que la science historique, outre qu'elle revêt un intérêt heuristique indéniable, recèle assurément une tonalité et un enjeu hautement stratégiques dont la saisie devrait permettre aux populations africaines de mieux s'engager et se projeter dans les batailles présentes et de demain.

Et, à cet égard, il appert que l'une de ces batailles essentielles que devrait mener l'intellectuel africain, et que conduiront du reste fort opportunément Joseph Ki-Zerbo, Cheikh Anta Diop et Ibrahima Baba Kaké, entre autres, c'est, assurément, la réflexion sur les enjeux que renferme le questionnement relatif à la nécessité de produire en Afrique un discours critique et auto-centré, autour des perspectives théoriques et pratiques propres à favoriser le développement dudit continent. Perspectives susceptibles de poser les jalons devant nécessairement ouvrir la voie à l'avènement ou à l'émergence de sociétés plus aptes à s'inscrire dans le concert des nations sur le mode de l'autodétermination et de l'auto-affirmation de soi. C'est-à-dire : de façon décomplexée, conquérante et rassérénée (optimiste, confiante et sereine).

I. B. Des enjeux de l'endogénéité et de la contextualisation du discours

> « Dormir sur la natte des autres, c'est comme si l'on dormait par terre. » (Proverbe africain cité par J. Ki-Zerbo, 1992, VII).

L'entreprise de réhabilitation des peuples d'Afrique comme peuples effectivement dotés de consciences (historique, politique, culturelle, civilisationnelle, en somme), pose comme préalable la redécouverte par les Africains des lieux d'instanciation et de commémoration de la mémoire (collective et individuelle). Un mode de production mémorielle générateur d'un type d'homme à l'identité non plus honteuse ni inhibée, mais, davantage affirmée, assumée, conquérante, exemplaire. Une conscience critique, pénétrée, certes, des moments dramatiques qui ont marqué son histoire ; mais, plus encore, une conscience édifiée à partir des hauts faits d'armes qui, dans la vie d'une nation, constituent un acte fondateur de premier ordre et un motif réel de fierté et de projection de la puissance, une source d'inspiration forte et fécondante. Une telle initiative requiert également un mode de formation et de mise à disposition d'informations structurantes qui accorde un accent tout particulier aux questions et problèmes qui concernent au premier chef ce continent, considéré aussi bien dans sa relation à lui-même que relativement au rôle et à la place qu'il joue et devrait en principe occuper sur la scène mondiale. Instruire une réflexion profonde sur soi-même, remettre l'Afrique au centre des préoccupations essentielles de tous les acteurs sociaux issus de ce continent, afin de dynamiser leurs capacités de créativité, d'ingéniosité et d'innovation, et d'inscrire durablement les fils issus de cet espace géopolitique et stratégique comme des acteurs majeurs dans le champ des relations internationales : tels sont les enjeux, le sens, l'intérêt et la portée théorique et pratique que revêtent les idées d'*endogénéité* et de *contextualisation*.

a. Une exigence méthodologique et épistémologique : endogénéisation et contextualisation

> « Notre modeste petite natte à nous est notre trésor le plus précieux, le capital des capitaux. Encore faut-il que nous réalisions que cette natte existe. Il est impératif de pratiquer l'ouverture aux autres ; mais pas au point d'oublier de nous connaître nous-mêmes. Le Yérè don des Bambaras est le premier pas incontournable du long voyage de l'auto-développement » (J. Ki-Zerbo, 1992, VII).

Pourquoi *contextualiser* (ou *endogénéiser*) le discours, la réflexion, l'analyse, l'action ? Quelles valeurs pédagogique, heuristique et pratique accorder à l'idée de *contextualisation* ou *d'endogénéisation* ?

La *contextualisation,* ce n'est pas simplement l'adaptation. La pensée n'a pas vocation à simplement s'adapter. Elle informe, s'instruit, déconstruit. Elle est encline à faire émerger un sens critique. Elle n'est pas un simple retour aveugle et systématique aux sources, encore moins l'expression d'un encrage dénué de discernement à l'égard de la tradition, du passé : quelque chose de l'ordre de la dépossession de soi, de l'aliénation ou de l'immaturité intellectuelle et morale. Elle ne saurait se confondre avec l'idée d'affirmation d'une transcendance qui n'a aucun égard pour la moindre immanence, avec le risque avéré de déréalisation, de déconnexion, de perte de repères culturels, de déperdition axiologique ou d'instrumentalisation idéologique et dogmatique qu'une telle démarche pourrait comporter.

L'acte de penser implique au contraire, davantage et fondamentalement, la possibilité d'un recours, nécessairement critique et conscient, à la tradition, aux faits, à la réalité. Dès lors, la *contextualisation* renvoie ici à l'idée de prise en compte de la *contextualité* (ou du *contexte*). Celle-ci s'entend comme : l'ensemble des conditions et facteurs objectifs, imaginaires et symboliques (socioculturels, politiques, sociologiques, artistiques, scientifiques, technologiques, économiques, religieux, idéologiques, normatifs, juridiques, institutionnels, etc.) propres à une société historiquement déterminée. C'est donc ce faisceau de réalités qui doit inspirer ou prédisposer plus ou moins directement à l'émergence d'une pensée, sa formalisation et sa mise en cohérence sous forme de discours rationnel. La contextualité apparaît ici plus schématiquement comme l'espace ou l'environnement réel, (vivant, effectif) qui devrait objectivement servir de cadre ou, mieux, susciter la production d'une pensée et d'un discours fondés en raison. Cadre qui informe et contribue à l'élaboration de la pensée et du discours. Cadre traditionnel à travers lequel, réciproquement, la pensée et le discours s'emploient à informer pour les (ré)former les lieux ou espaces (géophysique, institutionnel, idiosyncrasique et mental) dans lesquels ils s'instituent et se légitiment. La *contextualité* apparaît, en définitive, comme le lieu privilégié d'énonciation et de légitimation d'où s'origine toute pensée consciente d'elle-même. Penser, c'est donc, toujours déjà et nécessairement, s'imprégner et s'informer de la *contextualité*. Non pas pour s'y résoudre, s'y enliser ! mais, davantage, pour pouvoir la surmonter, la sublimer, la transcender, la réformer fondamentalement et en conscience.

Endogénéiser ou *contextualiser*, impliquerait alors que fût pris en compte l'*endogène* : la singularité, le particulier, le spécifique. C'est-à-dire : moi-même, conçu comme auto-référence. Mais, à quelles fins ? On *endogénéise* ou on *contextualise* un discours, une réflexion, une pensée pour mieux comprendre et nous projeter dans l'espace privilégié où nous avons, en principe, vocation à évoluer, à nous réaliser. C'est donc un effort d'immersion, une sorte d'aperception, d'introspection, à l'image de l'*épreuve du miroir* qui nous restitue, afin d'être corrigée ou rectifiée, notre propre image, notre intériorité dans sa nudité et sa vérité crue. A terme, il est question d'un travail qui vise à un meilleur assainissement de soi, au délestage des aspérités nombreuses dont nous sommes constamment parés et qui menacent d'inertie, d'incohérence et d'inconsistance le déploiement légitime et plénier de notre être fondamental, de notre réalité animique.

Endogénéiser ou *contextualiser*, c'est ainsi se donner les moyens de reprendre l'initiative en matière de détermination des objectifs stratégiques de planification de notre propre développement ; c'est pouvoir redéfinir à notre profit les modalités pratiques relatives à l'implémentation (la mise en œuvre, la réalisation) concrète et pertinente de notre prospérité et de notre émancipation; c'est se définir et s'affirmer comme sujet historique : capable d'une réflexion et d'une action autocentrées, qui prédisposent et posent les bases objectives et nécessaires d'un développement endogène (social, économique et culturel) approprié, proportionné, pertinent, pérenne et respectueux de la préservation de notre écosystème. Un développement, en définitive, compris comme l'esquisse d'un faisceau de réponses plus en conformité et en adéquation avec notre nature profonde, la réalité des difficultés et problèmes auxquels j'ai à faire face, nos attentes légitimes et objectives. Le sociologue camerounais Jean-Marc ELA ne dit pas autre chose :

> Le processus de construction des savoirs impose un effort de « contextualisation » qui oblige le chercheur à renoncer à projeter sur l'Afrique le regard de l'Autre qui, trop souvent, est le maître. Dans la mesure où, comme on l'a vu, la science est loin d'être neutre et innocente, si l'on ne veut pas en faire un instrument au service des systèmes dominants, une entreprise de déconstruction est inhérente à toute activité de recherche à partir de l'Afrique. Ce qui est en cause, c'est la créativité du chercheur qui se réapproprie l'initiative de la production des connaissances en redonnant toute leur dignité à des objets d'étude auxquels les savoirs établis n'accordent qu'une attention marginale. A la limite, en réhabilitant ces objets, ce qui doit émerger, c'est le développement d'une « réflexion endogène » qui conditionne le « développement endogène » (J.M. Ella, 2001, p. 52-53).

On trouve chez Paulin J. Hountondji une définition assez précise de ce à quoi renvoie l'idée de *savoirs endogènes* comme pré-conditions d'un *développement endogène* :

> On appellera donc « savoir endogène », dans une configuration culturelle donnée, une connaissance vécue par la société comme partie intégrante de son héritage, par opposition aux savoirs exogènes qui sont encore perçus, à ce stade au moins, comme des éléments d'un autre système de valeurs. ». In Les savoirs endogènes. Pistes pour une recherche. « Introduction » (P.J. Hountondji, 1994, p. 15).

Contextualiser ou *endogénéiser*, c'est aussi éviter le piège ou le risque d'une sorte d'enfermement dans la pensée unique. C'est faire preuve de lucidité, de distanciation critique et de discernement, pour pouvoir naturellement se donner de l'air, et ainsi envisager la perspective légitime d'entrevoir les voies du développement d'un point de vue pluriel, pluraliste, polycentriste et alternatif en somme. C'est ne pas abdiquer sa liberté de penser et de se penser dans le monde, pour lui substituer une approche, pour le moins hypothétique et discutable, qui confine à une espèce de soumission à l'impérialisme culturel, unilatéral, uniforme et homogénéisant. C'est récuser l'idée erronée d'une norme unique et d'un sens prononcé pour l'autosatisfaction et l'auto-référence exclusives et extravertie, dénégatrices de l'altérité, et crypto-idéologiquement présentées sous le prisme de l'*Universel*, de l'*Absolu*, de la *Vérité*, par définition incontestables. Cette réflexion est au demeurant partagée par bien des chercheurs africains qui ont su faire montre de vigilance et, à ce titre, sont gagnés à la conviction que le développement de l'Afrique commande comme préalable indispensable et non négociable : une analyse, certes critique et circonspecte (non idéologique), mais résolument ancrée et fortement pénétrée des préoccupations et réalités socioculturelles propres aux peuples de ce continent, à la situation objective des Etats qui le constituent, aux problèmes réels (structurels, institutionnels et organisationnels) auxquels ils ont à faire face, tant à l'intérieur qu'à l'extérieur du continent. Ecoutons et méditons, à cet égard, les paroles fort éloquentes prononcées en 1989 par le philosophe sénégalais Mamoussé DIAGNE, lors d'un important *Colloque sur le développement endogène*, organisé à Bamako (au Mali) par Joseph Ki-Zerbo et ses collègues du *Centre de Recherche pour le Développement Endogène* (C. R. D. E.) :

> Parler de développement endogène c'est déjà, au moins programmatiquement, récuser l'idée d'un référentiel historique unique, et donc d'un pôle normatif unique des énoncés qui portent sur le développement. Et le mérite de cette rencontre, j'y insiste, est de rendre pensable un polycentrisme discursif sur le développement ou les développements, par la pluralité des sujets auxquels on reconnaît le droit à la parole et à l'initiative. Elle n'invite pas seulement à penser la question du développement, mais l'en-deçà de cette question. Elle consacre, par là même, l'éclatement d'une perspective qui n'a d'unicité que postulée ou imposée. Et c'est pour cela que son thème global a de quoi enchanter, par ce qu'il sous-entend de décision épistémologique : tout projet de DEVELOPPEMENT ENDOGENE suppose, à titre de condition, rigoureusement incontournable, l'ENDOGENEITE DE LA REFLEXION qui l'élabore (M. Diagne : 1992, p. 109-110).

Le *développement endogène* que sous-tend nécessairement l'*endogénéisation* de la réflexion sur le développement, requiert, de ce fait, fort logiquement, la critique des cadres théoriques et paradigmatiques traditionnels, prééminents et importés, qui ambitionnent de s'arroger la prérogative de la pensée du développement dans le monde et, singulièrement, en Afrique…

b. Un impératif : la critique des paradigmes dominants, enjeux de savoir, enjeux de pouvoir

> Si l'on veut dégager des alternatives pour la promotion des sciences sociales dans les dynamiques de l'Afrique contemporaine, il faut s'interroger sur les choix d'avenir dans un contexte où l'Afrique est désormais un enjeu de connaissance pour les intelligences indigènes (J.M. Ella, 1994, p. 13).

Penser le *développement endogène* nous commande de satisfaire à un préalable essentiel : être capable de définir par soi-même ses priorités. Entendons ici, qu'il nous faut avoir dûment élaboré un projet structurant, autour duquel devront s'articuler des axes de recherche spécifiques. Déterminer, par la suite le *modus operandi* (le mode opératoire) : les modalités pratiques (techniques, financières, matérielles) qui vont présider à sa réalisation, ainsi que les moyens humains devant être mobilisés à cet effet. Dans cette perspective, aucune ambiguïté ne doit persister quant au fait que l'homme et la société visés devront être placés au centre de notre attention. Mieux, l'homme tout comme la société cible doivent pouvoir légitimement revendiquer la centralité de la réflexion et de l'action qui les concernent au premier chef. A ce titre, un décentrement en vue d'une nécessaire centration doit pouvoir s'opérer. Sans confiner à l'autarcie ou s'interdire l'opportunité d'emprunts culturels structurants, revivifiants et salutaires (susceptibles d'induire des réformes significatives qualitativement profitables et nécessaires), la pensée portant sur les modalités ou la possibilité d'un développement effectif de l'Afrique et de l'émancipation sociopolitique et culturelle des Africains, concerne d'abord et devrait mobiliser les ressources (humaine, intellectuelle, morale, matérielle) issues de ce continent. Faire preuve de responsabilité en reprenant l'initiative historique se présente ainsi comme une nécessité, un devoir, voire un impératif. Ce dernier repose sur un présupposé théorique et méthodologique essentiel : la décérébralisation, c'est-à-dire la décolonisation mentale et intellectuelle des élites et des peuples. Soit, quelque chose de l'ordre de la déconstruction, de la vigilance épistémologique. Elle devra ainsi nécessairement découler de la critique des paradigmes dominants et hétéro centrés, comme le suggère fort justement le philosophe sénégalais Mamoussé Diagne :

> Responsabilité et initiative intellectuelle et pratique, ce sont là les conséquences qui découlent de la conviction qu' ''on ne peut pas se développer dans la dépendance''. Et si on ne peut pas se développer dans la dépendance, on ne peut pas davantage penser la non-dépendance à l'intérieur du champ structuré des schémas et concepts forgés dans, par et pour la dépendance. La critique de ces schèmes et concepts apparaît ainsi comme le préalable à toute critique de l'ordre qui les engendre et les fait fonctionner, dont ils assurent en retour la pérennité théorique et pratique » (M. Diagne, 1992, p. 110).

Une nuance tout de même s'impose ici : penser l'auto-développement, c'est-à-dire le développement à partir de soi-même et pour soi-même, est une approche qui emporte effectivement notre adhésion. Se décoloniser ou se décomplexer mentalement, en déconstruisant un discours et des pratiques crypto idéologiques de domination, demeure assurément un impératif qu'il convient de réaliser, à brève, moyenne et longue échéances. Pour autant, nous devons avoir en conscience la nécessité d'opérer, certes, relativement aux rapports que nous entretenons avec le monde, mais aussi et, davantage, à l'égard de soi-même, une critique objective, drastique et sans concessions. Quelque chose de l'ordre d'une autopsie interne, nécessaire et urgente. Car, il ne s'agit en aucune façon de faire preuve de complaisance et de légèreté à notre endroit, ni relativement aux mécanismes structurels qui président à l'organisation de nos sociétés et de nos Etats respectifs. La vigilance critique ou épistémologique que nous appelons de nos vœux ne saurait être arbitraire ni idéologiquement orientée et exclusive. Elle n'est pas unilatérale, mais vaut pour tous les actes, idées, idéologies, traditions, us, coutumes, cultures et acteurs qui s'intéressent et sont impliqués, *a priori,* par l'entreprise de valorisation, de promotion et de modernisation de notre continent. Le diagnostic devra de ce fait être précis et sans équivoque. La responsabilité de notre mal développement et du mal être qui y est attaché nous incombe, nous Africains, pour une part significative, prioritairement. Je serai même tenté de dire qu'elle est presque exclusivement de notre fait. Nous devons donc prendre garde de ne pas verser dans une attitude désinvolte, de dédouanement et d'irresponsabilité. Nous avons intérêt à apprendre à balayer devant notre porte et ainsi sortir de la posture déclamatoire de la victimisation. Posture, certes accommodante, confortable même, mais, en réalité, infantilisante, inoffensive et de peu d'intérêt pratique quant aux changements à concrètement apporter relativement aux problèmes importants, à l'inertie et aux dysfonctionnements structurels, organisationnels, culturels ou institutionnels qui caractérisent et minent nos Etats, peuples et sociétés.

Nous devons donc nous inspirer de ce que les autres savent faire mieux que nous, et nous défaire ou nous dessaisir des *apports problématiques* qui favorisent la régression, l'instrumentalisation et la perpétuation de notre domination par l'étranger. La coopération, la collaboration, le partenariat..., en somme l'ouverture demeure une opportunité réelle à saisir, à explorer. Mais, elle devra se faire à notre profit et non nous desservir. Par conséquent, il est question dans cette démarche d'une ouverture raisonnée au monde et aux autres, et non d'une relation à l'*Autre* qui s'établirait sur le mode de l'aliénation, de la déperdition, de la décentration non contrôlée de soi, de la perte de l'initiative historique et, partant, de la récusation de la responsabilité qui, en principe, incombe à tout être libre, raisonnable, autonome, digne. Ainsi, et analogiquement, la *contextualisation* (ou l'*endogénéisation*) que nous défendons devra préalablement et nécessairement passer par la mise à nu (critique et objective) de nos limites, lacunes et faiblesses (morale, intellectuelle, idiosyncrasique ou imaginaire, institutionnelle, organisationnelle, culturelle, endémique, structurelle, etc.). Les maîtres mots ici demeurent, à notre sens et sans contredit : la probité morale et intellectuelle, le discernement et la lucidité d'esprit.

Cela dit, au-delà des querelles et des polémiques autour des paradigmes ou modèles touchant aux programmes et orientations stratégiques applicables ou non au continent africain, retenons bien ici que ce qui est en jeu dans la *contextualisation* ou *l'endogénéisation,* c'est le problème sous-jacent de l'importance pour l'Afrique d'un développement et d'un devenir harmonieux, équilibré, maîtrisé. Une politique de développement autocentrée, c'est-à-dire initiée et contrôlée en priorité par les principaux sujets concernés. Or, l'initiative et le contrôle des idées, théories et autres schèmes de pensée touchant ces questions, induit mécaniquement et objectivement le contrôle ou la maîtrise pratique réelle et non équivoque de ceux qui en ont l'initiative. Le risque, c'est que l'on passe à côté des objectifs escomptés. En effet, sans une implication forte, raisonnée et assumée des populations sur le chantier de leur autopromotion, de la valorisation de leurs terres, de la réalisation de leur émancipation, l'inéluctabilité de l'échec semble de très loin la perspective la plus probable. C'est à nous de savoir : *où nous voulons aller, comment et à quelles fins ?* Mais aussi *: à quel rythme, avec quels partenaires, selon quelles modalités théoriques et pratiques ?* Et enfin : *pourquoi ?* Le recours à l'*Autre* n'est donc, certes pas, exclu, loin s'en faudrait ! Un conseil avisé par-ci, un soutien par-là, une riche expérience partagée ici, un transfert raisonné de technologies en l'occurrence, seront toujours les bienvenus. Mais, le devoir de réflexion, les capacités d'anticipation et de projection doivent procéder, d'abord, et être, dans toutes les étapes que commande une telle entreprise, le fait privilégié des principaux concernés, définis comme des colonnes vivantes, à la fois agents bâtisseurs et matériaux de la construction de l'édifice qu'ils nourrissent légitimement le dessein de mettre en œuvre. Refuser de reconnaître cela, c'est travailler à défendre une dynamique visant à conforter et à légitimer la domination politique, intellectuelle et culturelle de l'Afrique, via l'économie, les théories de développement économique, l'anthropologie sociale, politico-juridique et culturelle et, plus largement, la science conçue implicitement comme idéologie. La science – entendons ici : une orientation essentiellement extravertie de la science (une [il]*logique de l'extraversion*) –, apparaît, dès lors, comme un instrument de pouvoir. Par conséquent, l'enjeu pour l'Afrique consistera à s'émanciper, s'épanouir et prospérer, via une appropriation plus juste et plus efficiente de la science. Ceci passe naturellement par une mise en perspective critique précise sur la nature, le fondement, le rôle, la fonction et les buts primordiaux que doit s'assigner la recherche scientifique en Afrique. Ecoutons à cet égard ce qu'en dit le philosophe béninois Paulin J. Hountondji :

> A quoi sert cette [la] recherche ? A qui profite-t-elle ? Comment s'insère-t-elle dans la société même qui la produit ? Dans quelle mesure cette société parvient-elle à s'en approprier les résultats ? En considérant les choses sous cet angle, on s'aperçoit aisément que la différence n'est pas seulement quantitative, mais qualitative, pas seulement de degré ou de niveau de développement, mais d'orientation et de mode de fonctionnement, entre l'activité scientifique en Afrique et cette activité dans les métropoles industrielles. La recherche, ici, est extravertie, tournée vers l'extérieur, ordonnée et subordonnée à des besoins extérieurs au lieu d'être autocentrée et destinée,

> d'abord, à répondre aux questions posées par la société africaine elle-même. Ainsi, la dépendance scientifique du tiers monde est, en dernière analyse, de même nature que sa dépendance économique, replacée dans le contexte de sa genèse historique, elle apparaît clairement comme le résultat de l'intégration progressive du tiers monde dans le procès mondial de production des connaissances, géré et contrôlé par les pays du Nord (P. J. Hountondji, 1994, p. 1-2).

Autrement dit, et pour autant qu'on puisse conclure en cette matière, le moment est venu de penser l'Afrique à partir d'un regard nouveau, incisif et dynamique, au-delà des œillères et des prismes déformants d'une altérité tendancieusement perçue comme autoréférentialité universelle, exclusive, prescriptive et injonctive :

> En reprenant le droit d'initiative en ce qui concerne le regard à porter sur l'homme africain en société, il nous faut procéder à la décolonisation des sciences sociales à partir des transformations de l'Afrique qui remettent en question les grilles d'analyse élaborées dans le contexte colonial. L'Afrique doit être arrachée au « présent ethnologique » pour être soumise aux exigences d'une analyse dynamique (J.M. Ella, 1994, p. 61).

Au demeurant, il s'agit de *« dé marginaliser »* la science en Afrique, de ne plus la considérer ni l'orienter dans la perspective d'une science (ou d'une pensée) périphérique, d'une science par procuration et par défaut. Il importe de rompre avec cette propension à circonscrire ou à limiter l'activité scientifique en Afrique au niveau d'une espèce de science marginale ou annexe, par rapport à un discours instituant et originel, qui serait plus légitime et plus autorisé. Il faudra sortir du *logocentrisme* excentrique ou de la forte tendance à l'extraversion du discours scientifique en Afrique. Alternativement, nous gagnerons à en faire définitivement un outil réel d'aide à la réflexion, à la décision et à l'action. Réaffirmer avec force sa mission ou, mieux, sa destination principale voire principielle, préjudicielle : celle d'être un facteur vivant, structurant et revigorant du développement et du progrès socioéconomique, d'émancipation politique et culturelle, d'affirmation de la liberté comme caractéristique et horizon de l'humanité… au Gabon, en Afrique et dans le Monde.

C. Esquisse de déconstruction des limites présumées de la philosophie conçue comme endogénéité et contextualisation

> La philosophie [...], de par son essence même, est appelée à la noblesse et à l'accomplissement d'importantes œuvres de l'esprit. Cette appréciation cache mal une dichotomie préjudiciable à la notion même de philosophie. Cette dernière inclut non seulement la contemplation (theoria), mais aussi l'action (praxis). Elle s'inscrit également dans un espace et un temps précis. Ces deux déterminations lui donnent une histoire, un visage et une saveur propres. Sa consistance et son identité. Toute initiative philosophique prétendant méconnaître l'une ou l'autre de ces déterminations ferait preuve de cécité intellectuelle (A. Kasanda Lumembu, 2003, p. 16).

C.1. Une perception erronée de l'universel

N'y a-t-il de problème significatif qu'universel ? L'universalité est-t-elle la condition exclusive de la pertinence d'un problème ? Le particulier est-il en soi dénué (ou délesté) de sens autonome, authentique et objectif ? Le particulier est-il, par définition, marqué d'un coefficient de péjoration, c'est-à-dire de vanité, de vacuité, d'impertinence ?

Puisque l'on préconise la nécessité de la philosophie et, plus largement de la pensée, comme effort de *contextualisation*, la démarche la plus appropriée ne devrait-elle pas consister à ancrer l'analyse, en priorité, dans la détermination des problèmes locaux ou régionaux ?

Mais, n'y a-t-il pas comme un paradoxe, une contradiction fondamentale à invoquer la nécessité de la pensée comme *contextualisation* (souvent présentée comme le préalable à l'émergence d'une réflexion ou d'une pensée authentique) et, parallèlement, considérer la philosophie sur le mode d'une quête quasi obsessionnelle de l'universel ? En visant l'universel, ne risque-t-on pas de manquer le particulier… et inversement ?

A tout cela, nous répondons que si la visée du particulier est précisément, par-delà tout paradoxe apparent, la condition de la production d'un discours philosophique authentique, l'effort de *contextualisation* ne devrait pas se préoccuper absolument de quêter l'universel, mais davantage, se déployer comme quête avérée d'intelligibilité, exigence de rationalité. Car, c'est cette exigence de rationalité qui, effectivement et en vérité, est toujours déjà en soi marquée du sceau de l'universalité, la raison étant ce qui caractérise en propre l'exigence d'humanité. En définitive, il apparaît que l'universalité réside moins dans la quête effrénée d'un absolu radicalement désincarné que dans le désir de faire sens, l'affirmation résolue de construire l'action humaine selon un ordre de cohérence certain, l'exigence somme toute d'une appropriation rationnelle et critique de l'expérience humaine considérée dans la complexité de ses manifestations (physique, psychique, morale, éthique, confessionnelle, métaphysique, etc.). En cela, l'action de *contextualiser*, plutôt que d'être perçue à tort comme négation de l'universalité, et partant, de la philosophie (ou de la pensée), en est plutôt le lieu de réalisation idoine, son expression doublée de sa manifestation la plus aboutie. Car, comme l'ont fort bien compris G. W. F. Hegel et bien d'autres avant et après lui, la philosophie (la pensée) demeure indéniablement – sans pour autant renier sa vocation à témoigner de l'universel –, *« fille de son temps »* :

> Concevoir ce qui est, est la tâche de la philosophie, car ce qui est, c'est la raison (la vie). En ce qui concerne l'individu, chacun est le fils de son temps ; de même aussi la philosophie, elle résume son temps dans la pensée. Il est aussi fou de s'imaginer qu'une philosophie quelconque dépassera le monde contemporain que de croire qu'un individu sautera au-dessus de son temps, franchira le Rhodus. Si une théorie, en fait, dépasse ses limites, si elle construit un monde tel qu'il doit être, ce monde existe bien. Mais seulement dans son opinion, laquelle est un élément inconsistant qui peut prendre n'importe quelle empreinte. En changeant quelque peu cette formule deviendrait expression : « Hier ist die Rose, hier tanze. » « Ici est la rose, ici il faut danser » (G. W. F. Hegel, 1940, p. 43).

Mais encore, et plus simplement : « La philosophie surgit toujours d'un milieu social donné et lorsqu'un conflit social y est généralement en gestation, que le milieu social affecte le contenu de la philosophie et qu'inversement ce contenu de la philosophie cherche à affecter le milieu social » (E. Bebbé-Njoh, 2002, p. 86). Bebbé-Njoh paraphrase ici Kwame Nkrumah (1969 et 1976, p. 74).

Trop nombreux sont encore les philosophes africains et, singulièrement les *fonctionnaires philosophes* gabonais, qui, en dépit des problèmes structurels importants auxquels notre continent est confronté depuis fort longtemps déjà, persistent étonnamment à adopter

« *une indifférence professionnelle d'aristocrates à l'égard des réalités de leur temps* » (K. Krumah, cité par Bebbé-Njoh, 2002, p. 80). Une telle attitude, des plus déconcertantes, par ailleurs, traduit un défaut d'éveil à la conscience philosophique véritable. Elle est l'expression la plus manifeste d'un déficit notable de maturité intellectuelle et morale qui nous détourne de notre responsabilité, de nos devoirs, serments et obligations à l'égard de nous-mêmes, de nos familles, de nos sociétés, de nos nations, de notre patrie, de nos peuples, de nos Etats, de notre cher continent : l'Afrique. Une telle indifférence, qui est en fait l'expression d'une faiblesse profonde et d'une grande souffrance, trahit une perception erronée de la mission essentielle qui incombe en principe et de tout temps au philosophe, à l'intellectuel, au penseur. Ils ignorent et peinent à se dessiller les yeux, à tort, que pour ce dernier, la tâche de la pensée, notamment dans un contexte aussi délétère, délicat et improbable que celui que connaissent structurellement un nombre significatif de nos Etats, peuples et sociétés (dans leur rapport à eux-mêmes et au monde), doit se donner à voir sur le mode de l'urgence, de l'impératif : nécessité vitale de philosopher véritablement et pertinemment, urgence de la pensée (M. Kamto, 1999, p. 94).

Les multiples défis quasi incommensurables auxquels nous avons à faire face ne sauraient tolérer que nous versions dans une espèce de paresse intellectuelle, fallacieuse et illusoire : où le confort matériel dont nous jouissons grâce à notre silence complice et coupable se conjugue mal en réalité avec quelque chose de subtil, certes, mais dramatique, à savoir : un inconfort moral et intellectuel hautement déstabilisant pour notre psychisme, d'une part ; des dommages considérables par rapport à la possibilité d'entrevoir des voies de remédiation aux crises importantes que connaissent nos différents Etats, peuples et sociétés, d'autre part.

Certes, la philosophie est un discours qui, dans l'ordre du savoir, nous commande de nous mettre à distance des préjugés (de la *doxa, des lieux dits, des lieux communs, des idées reçues),* et qui, dans l'ordre de l'action, nous suggère de nous situer à distance des passions et des impulsions de la conscience collective. Contextualiser, via l'activité de penser ou de philosopher, ce n'est donc pas simplement évoquer les faits, mais bien davantage : nécessairement s'imprégner, de façon critique, de la réalité (des expériences qui jalonnent notre existence), en vue de la questionner, pour éventuellement et, en conscience, contribuer à la réformer, l'amender, la révolutionner, la dialectiser, la transcender, la sublimer. La tâche de la pensée, de tous temps et, singulièrement, dans un contexte de crises endémiques et structurelles, de précarité et d'incertitude quant à notre avenir et au devenir de nos sociétés, a toujours été d'éveiller les consciences. Cette noble exigence, la philosophie, en Afrique ne saurait sans dommage y déroger, s'en départir sans trahir l'essence même de cette haute, belle et noble discipline :

> La philosophie à l'école, la philosophie scolaire, doit garder l'esprit de la philosophie comme activité intellectuelle, art de vivre selon des valeurs, au lieu de se rigidifier sous forme d'un programme de doctrines à apprendre et à répéter de façon stérile et dans un climat d'aliénation totale qui frise en Afrique un manque total de dignité. Le comportement de quelques-uns d'entre nous, professeurs africains de philosophie, incapables de contextualiser leur questionnement, sourds par rapport à la demande de sens des élèves et des communautés, invités à se « dénégrifier » pour devenir enfin visibles, manifeste sinon une faiblesse, du moins une sainte sottise. Vis-à-vis de nos professeurs, nous sommes trop souvent restés des ombres pâles ou d'inutiles copies ; incapables du parricide libérateur, nous encombrons la pensée d'un ronron monotone et monocorde dont la seule vertu est de lénifier au lieu d'éveiller, d'entretenir les apprenants, au lieu de les éveiller à eux-mêmes pour les rendre autonomes (J. Nanéma, 2003, p. 66-67).

Nous avons à résoudre des problèmes profonds, considérables. Nous devons apporter notre contingent, c'est-à-dire notre contribution à l'éclosion de sociétés, peuples et Etats plus vertueux, prospères et conquérants. Nous ne saurions, sans dommages importants, nous accommoder des dysfonctions, troubles et manquements structurels et organisationnels qui travaillent de part en part nos sociétés et nos Etats. Nous ne pourrons pas plus longtemps, et sans conséquences fâcheuses, tourner le dos à la réalité, la nôtre. La philosophie et, plus largement la pensée, en Afrique, et dans le monde, ne peuvent pas ne pas être appréhendées comme *« une affaire sérieuse »*. Elles ont des exigences précises. Et l'exigence de penser, c'est-à-dire ici de philosopher véritablement, requiert, commande que l'on porte, avec méthode, science et discernement, notre regard le plus critique sur nous-mêmes, notre environnement immédiat et lointain. Penser est donc *« une affaire sérieuse »* (Hegel). Philosopher aussi ! Renoncer à penser ou à philosopher véritablement, c'est renoncer à sa liberté, abdiquer ses droits inaliénables et fondamentaux. C'est cesser de se définir comme être rationnel, autonome. C'est, en conséquence, paradoxalement récuser en soi l'humanité en nous.

Mais, la pensée, ce n'est pas le mimétisme. Le singe, le perroquet, les animaux miment ; l'homme pense, l'homme doit penser. Mieux, il doit, en s'employant à *bien s'orienter dans la pensée*, tâcher d'éviter de s'égarer, d'emprunter des *« chemins qui ne mènent nulle part »* (Heidegger). *Bien s'orienter dans la pensée*, ce n'est pas simplement faire preuve d'érudition ou revendiquer un cursus bien rempli, consacré par de multiples et hauts diplômes. Comme le rappelait fort justement Montaigne, l'enjeu ici, ce n'est pas d'avoir une *tête bien pleine*, mais, davantage et plus fondamentalement, de travailler et veiller à avoir une *tête bien faite*. Car, *bien s'orienter dans la pensée*, c'est pouvoir être capable d'opérer un distinguo non équivoque entre : l'éloquence et la pertinence, l'érudition et le savoir-faire, la théorie et la théorétique, la force, la cohérence ou la rigueur de l'argumentation et la justesse de la proposition, la pensée futile et l'urgence de la pensée. Cet avertissement, Heidegger, dont tant de doctrinaires se réclament – à tort ou à raison – l'avait pourtant clairement formulé en ces termes :

> Montrer de l'intérêt pour la philosophie ne témoigne nullement que l'on soit préparé à penser. Même le fait que, depuis de longues années, nous soyons ardents à étudier les traités et écrits des grands penseurs ne garantit pas que nous pensions ou soyons prêts à apprendre à penser. S'occuper de philosophie peut au contraire, de la façon la plus tenace, entretenir l'illusion que nous pensons, parce que, n'est-ce pas ? Nous philosophons (M. Heidegger, 1958, p. 154).

Ce qui est fort gênant et préjudiciable à nos sociétés et Etats, pourtant en crises, en quête d'émancipation et de développement, c'est la persistance dans cette forme d'incurie intellectuelle : l'aveuglement de ceux qui, tout en croyant penser, refusent en fait et paradoxalement de s'arracher à l'immobilisme de la pensée, au confort de la répétition du même dénuée d'intelligence, puisque non critique, non appropriée, non vivante. Pourtant, l'essence de la philosophie réside dans la polémique, la contradiction, le débat. Mais, trop nombreux sont ces *« professionnels »* ou *fonctionnaires,* prétendument *« philosophes »,* qui oublient ou ignorent qu'en matière de production des œuvres de l'esprit, la condition du progrès réside dans le parricide, la révolution, la subversion, la prise de risque, l'audace, *le « SAPERE AUDE ! »*. Ils ne veulent donc pas comprendre que le meilleur hommage que l'on puisse rendre à un auteur dont on revendique la filiation théorique, c'est encore de s'opposer à lui et, si possible, de le dépasser. Ils préfèrent se contenter du confort illusoire qu'est censée conférer la *répétition* : le psittacisme, la *pensée prothèse*, la *pensée par procuration*. C'est ainsi le règne usurpé et stérile des spécialistes et commentateurs de tels ou tels grands philosophes. Seulement, de commentateurs en commentateurs, voire de commentaires en commentaires, la pensée, le discours original finit par s'éroder, s'aseptiser, se diluer, s'affadir. Car, en ces hauts lieux de l'interprétation, tout est prétexte pour faire dire à un auteur ce qu'il n'a pas pensé. Mieux, bien souvent, on va jusqu'à réaliser le tour de force magique qui consiste à prétendre mieux comprendre la pensée d'un auteur que l'auteur lui-même. Ainsi, prétextant une profondeur pour le moins problématique et énigmatique, d'aucuns croient pouvoir faire ressortir l'*impensé* ou le *non-dit* de la position qu'aurait défendue un auteur, sans que ce dernier l'ait explicitement allégué, et alors même que celui-ci a pris le soin de rappeler maintes fois, en des termes simples et précis, le sens, l'objet et la teneur logique qu'il convient de conférer et d'accorder aux préoccupations qu'il a été amené à énoncer, à exprimer, à consigner, à formaliser.

C.2. Les priorités de la pensée ou d'une réflexion philosophique véritable en Afrique

En définitive, et au-delà des polémiques vaines et sans fin, ce qu'il faut que nous parvenions à comprendre ici, c'est que les populations qui vivent sur le continent africain sont en proie à des problèmes majeurs. Ces problèmes demandent à être clairement inventoriés. Des questions doivent être posées, qui nécessitent des réponses précises et pertinentes. Des besoins doivent pouvoir être légitimement formulés et formalisés, qui requièrent un effort de réflexion, d'appropriation et de propositions alternatives adéquates. C'est là qu'intervient, à notre entendement, l'intérêt de bien cerner la tâche primordiale qui incombe originellement à la pensée. Celle-ci doit travailler à éveiller notre conscience, afin que s'émancipe l'humanité en nous et hors de nous. Autrement dit, la pensée doit nous permettre d'avancer significativement, d'opérer des sauts qualitatifs au niveau de notre existence sociale et ontologique. Nous devons instamment et rigoureusement soumettre notre réalité (pratique et immatérielle), nos expériences existentielles, en l'occurrence, aux exigences de la pensée consciente, critique, vivante. Faire le choix contraire, c'est courir inexorablement le risque de la régression sociale, intellectuelle, morale, politique, économique, spirituelle, etc. Ainsi, les sujets de préoccupations fondamentales sont légion[1] :

1. **Le problème récurrent de la crise alimentaire**, qui constitue une source majeure de questionnement, et qui a fait l'objet d'analyses appréciables, doit pouvoir être intégré, très tôt, au système éducatif et réapproprié par le discours philosophique, en Afrique.

2. **La question relative à la fracture scientifique et numérique,** à la nécessité corrélative d'y remédier, tout comme celle liée au transfert raisonné des technologies, représentent une base de réflexion qui ne saurait laisser indifférents des penseurs véritables. Car, elle renferme un enjeu fondamental sur la façon dont nous envisageons de nous projeter dans l'avenir sur la scène internationale.

---

[1] Relativement aux problèmes et défis auxquels le continent africain a à faire face, nous renvoyons le lecteur, entre autres à nos travaux précédents : *« Education, citoyenneté, démocratie et développement au Gabon. Eléments de réflexion pour un renforcement des capacités opérationnelles de l'école gabonaise »*, in L'Envol. Revue africaine de philosophie, lettres et pédagogie n°4, Libreville, Les Editions du GRESHS, 2014, p.67-99 / *« Education, citoyenneté, démocratie au Gabon »*, in ANGUE MEDOUX I. , EYENE MBA J. R. (Dir.), Actes du Colloque de Libreville (Université Omar Bongo), du 23 au 25 janvier 2013 : *« Education et démocratie dans les sociétés postmodernes africaines et européennes »*, Paris, L'Harmattan, Coll. « Philosopher en Afrique », 2014, p.195-213 ; *« Pluralisme politique versus pluripartisme paradoxal : de l'ethno-régionalisme électoral. Du devoir d'inventaire au plaidoyer pour la consolidation des principes de la modernité politique en Afrique »*, in L'Envol. Revue africaine de philosophie, lettres et pédagogie n°4, Libreville, Les Editions du GRESHS, 2012, p.51-92 ; *« Quelle école pour l'Afrique ? Essai critique de refondation des systèmes éducatifs africains : enjeux et prospectives »*, in Ethiopiques n°81. Revue négro-africaine de littérature et de philosophie, Dakar, Fondation Léopold Sédar Senghor, 2008, p.143-165 ; *« Peut-on aider l'aide à aider l'Afrique ? »*, Afrique Annales n°8. Publication trimestrielle et Thématique d'Echange de Réflexions, Lyon, Esbert International, 2005, p.20-36 /*« Peut-on aider l'aide à aider l'Afrique ?»*, in Palabres actuelles n°3, *« L'Afrique et le monde, l'Afrique dans le monde »*, Libreville, Revue de la Fondation Raponda-Walker, 2009, p. 77-99 *; « Au-delà de la Baule : l'Union Africaine, une impérieuse nécessité... »*, in Afrique Annales n°8. Publication trimestrielle et Thématique d'Echange de Réflexions, Lyon, Esbert International, 2005, p.85-98.

3. Au plan politique et juridique : quelle(s) Démocratie(s) pour l'Afrique ? Comment assurer une transition et une alternance pacifiques ? Quelles réponses apporter aux dévolutions du pouvoir politique sur le mode héréditaire ? Quel statut conférer à nos Constitutions menacées d'amendements à des fins antirépublicaines ? Comment résoudre le problème de la construction de l'Etat-Nation dans un contexte de pluralisme ethnique, socioculturel et communautaire ? De la citoyenneté en Afrique ? Des valeurs républicaines ? De l'identité nationale et de la cohésion sociale au sein des sociétés et Etats africains ? Du *Panafricanisme* et de l'identité régionale et transrégionale ou suprarégionale ? De la *Renaissance* (politique, culturelle et économique, scientifique) *africaine* ? Des rapports entre Islam, Société et Etat ? Du Christianisme, de la Société et de l'Etat ? Des nouvelles formes de citoyenneté en liaison avec les réseaux sociaux : sens, problèmes, enjeux et portée pratique ? Comment comprendre, pour y faire face, le phénomène du retour du religieux, son instrumentalisation sociale et politique ? Quelles solutions aux nombreuses formes de violences politiques observables sous nos latitudes ? De la xénophobie et de la haine de l'*Autre* ethniquement différent de moi ? Comment penser la commémoration du *Génocide* : la conscience, la mémoire, l'histoire, l'oubli, la justice, le pardon ? Quid du crime contre l'humanité et, alternativement, d'une pensée humaniste, tolérante, ouverte au monde ? Que penser de l'universel et du particulier en matière d'idéologies, de régimes politiques, de droit et de justice internationale ? Etc.

4. Concernant la gouvernance économique, sociale et politique, là aussi un questionnement riche et difficile s'impose : comment articuler développement et préservation de notre écosystème ? Comment concilier développement urbain et développement local ? Quels types d'Etat pour quels modes de gouvernance en Afrique : fédéralisme, centralisme ou décentralisation ? Pourrait-on penser le développement autrement ? Gouvernance publique et développement ? De la corruption comme base du mal développement ? Impunité et sous-développement ? Société, (Ir)rationalité et (Sous-) développement en Afrique ? Au sujet du *Consensus de Washington* et des *Programmes d'Ajustement Structurel*, quelles sont les erreurs à ne plus reproduire : bilan et perspectives pour l'Afrique ? Comment comprendre le couple croissance et pauvreté en Afrique ? Quelles réponses face à la mondialisation/Globalisation économique et financière ? Et, par-delà les slogans et les pétitions de principe, quel sens véritable revêt le concept d'*Emergence* que la quasi-totalité des Etats africains appellent de leurs vœux : ce concept, nouvelle doctrine développementaliste, ne renferme-t-il pas une dimension crypto-idéologique semblable à celles qui l'ont précédée ?[2] Etc.

5. Sur le plan sociopolitique et culturel : comment sortir de l'opposition antithétique : *Tradition/Modernité* ? Quelles réformes structurelles : sociales, culturelles et mentales, devrons-nous opérer pour permettre une appropriation rapide et efficace des instruments de la modernité ? Comment repenser le rôle et la place assignées à la Femme dans nos sociétés ? Comment juguler la persistance de l'irrationnel et de la superstition dans notre imaginaire, et ainsi lutter contre cette forme d'arriération culturelle et d'inhumanité que représentent les crimes rituels ? Comment garantir la *laïcité* dans l'espace public, en politique et à l'école ? *Foi* et *Raison* en Afrique ? Quelle place et quel avenir entendons-nous conférer à nos langues et cultures dans le processus de mondialisation ? Comment penser nos valeurs culturelles dans le monde contemporain et avenir ? De l'identité culturelle en Afrique et dans le monde ? Quelle place et quel avenir pour les religions africaines dans un contexte d'hégémonie et de surenchère des religions dites monothéistes et importées ? Nécessité de penser l'impact social, économique, culturel et psychique des nouvelles formes de religiosité sectaire ou sectariste génératrices de violences symboliques et politiques en Afrique et dans le monde : *Eglises* dites du *Réveil* ; *Islamisme, Salafisme, Wahhabisme,* et *Fondamentalisme* ? Que faire face à la mondialisation/standardisation de la culture ?

6. Au plan médicinal et de la science : comment articuler harmonieusement et avec efficace la médecine dite traditionnelle (la pharmacopée) et la médecine dite moderne ? Quelle est la place des phénomènes paranormaux et des pathologies y relatives dans la réflexion philosophique en Afrique ? Quels problèmes sociaux réels soulèvent-ils ? Quelles solutions y entrevoir ? De la nécessité d'un

---

[2] On se reportera avec profit à l'ouvrage collectif que nous avons commis à cet effet avec notre laboratoire (le *GRESHS : Groupe de Recherche en Sciences Humaines et Sociales*) : Dieudonné Meyo Me Nkoghe (dir.), *Le Gabon émergent : utopie ou réalité ? Approche plurielle du concept d'émergence*, Paris, Editions Publibook, 2011, 522 p. Voir notamment notre article : *« Pré-conditions pour une réflexion critique et constructive autour de l'idée de Gabon émergent »*, p.51-94.

système de santé et d'une politique sociale efficiente ? Place et mission dévolues à la recherche scientifique dans le but de juguler les pandémies, épidémies et endémies qui menacent des millions de vies en Afrique : *Sida, Paludisme, Hypertension artérielle, obésité, Accidents vasculaires cérébraux (AVC), Cancers, Ebola* ? Il s'agit ici d'élaborer une Philosophie ou une Ethique de la médecine, ainsi qu'une Philosophie de l'environnement. Quid du rôle de l'Etat et de la société civile à cet égard ? Autant de soucis qui requièrent une réponse à plusieurs échelles : locale, étatique, sous-régionale, continentale et extra continentale, etc.

7. Touchant aux problèmes sococioéconomiques et politiques, de coopération et de développement à l'échelle internationale, mais avec une implication locale avérée : place, rôle et intérêt de la mondialisation économique et monétaire en contexte africain ? Quel avenir pour le *Franc CFA* ? A quand une ou des monnaies africaines fiables, viables et affranchies de la tutelle du *Trésor public français* et de la *Banque Centrale Européenne* ? Quid du développement de la recherche scientifique et de la recherche-développement comme base des dynamiques d'intégration régionale et africaine ? Comment (re)penser le développement par l'intégration sous-régionale ? Comment refonder l'*Union Africaine* ? A quelles fins ? Au sujet de la diplomatie économique : entre coopération bilatérale et partenariat multilatéral ? Comment garantir la sécurité et la paix en Afrique ? Quelles réponses collectives apporter aux mouvements irrédentistes (séparatistes ou sécessionnistes) qui menacent la paix, le développement et la prospérité du continent ? Quels dispositifs mettre en œuvre pour lutter contre le terrorisme, le radicalisme, l'intégrisme, le fondamentalisme religieux (*AQMI*, *Boko Haram*, etc.) ? Quid des relations entre les Etats africains et les organismes internationaux (*ONU, OMC, OMS, UNESCO*, etc.) et la préposée *« Communauté internationale »* ? Pourquoi devons-nous revisiter, de façon critique, *a posteriori*, les *Programmes d'Ajustement Structurel* (*PAS*) ? Comment repenser les différents programmes stratégiques de lutte contre la pauvreté, l'illétrisme et l'analphabétisme ? Pourquoi le *Plan d'Action de Lagos* a-t-il échoué ou, du moins, pourquoi n'a-t-il pas été appliqué après avoir été pourtant adopté par nos différents Etats ? Quid du *NEPAD* (*Nouveau Partenariat pour le Développement en Afrique*) ? Place, situation et rôle de l'Afrique et des Africains dans le monde au 21e siècle ? Etc. Toutes ces thématiques et problématiques susmentionnées ressortissent, entre autres, du champ théorique de la Philosophie de l'économie, de la Philosophie politique et de la philosophie du droit et des relations internationales.

Effectivement, toutes ces thématiques et problématiques relevées supra, loin de s'éloigner des préoccupations spéculatives du philosophe, s'y rapportent au contraire avec force, pour autant qu'on fasse preuve de perspicacité et d'ingéniosité. Ainsi, à travers ces questionnements, on retrouve bien le programme de philosophie, tel qu'il se décline traditionnellement à grands traits : *la Pratique et les Fins ; la Société, l'Etat, la Liberté ; l'Homme et le monde ; la Science, la Raison et la Technique ; Ethique et Morale ; Métaphysique, Foi et Ontologie,* etc.

Nous n'avons pas sur ces questions quelque prétention à l'exhaustivité. Retenons simplement qu'en ce qui concerne les objets de réflexion susceptibles d'être portés à notre attention sur notre continent, qu'il y a de la matière : que l'Afrique ne demande qu'à être correctement et intelligemment pensée. Et la philosophie, ainsi que les philosophes qui, à tort et à raison, en revendiquent la compétence, ne sauraient faire l'impasse sur cette exigence irréductible, sans se renier fondamentalement. Penser, c'est penser son temps, prendre le risque de se tromper ; c'est s'immerger, sur le mode de la vigilance critique et épistémologique, dans sa sphère naturelle d'évolution, de réalisation et d'optimisation. Que ceux qui ont encore des doutes sur cette vérité essentielle prennent la peine de bien méditer les propos suivants : *« Ô regredire, ô pensare la società. » (« Ou on régresse, ou on pense la société »)* (V. Shirima : 1983, n°23/24, 240).

La philosophie, dont les débuts remontent à plusieurs millénaires maintenant, ne s'est pas arrêtée aux XVIe, XVIIe, XVIIIe,^ XIXe ou XXe siècles, avec les penseurs occidentaux, fussent-ils importants. Elle n'est pas une pensée figée, un objet de musée ou une relique marquée du sceau de la sacralité et dont il conviendrait simplement de contempler la grandeur, l'excellence, la majesté, l'absoluité, la quintessence. Il faut, par conséquent, en finir avec cette propension à légitimer toutes sortes de déterminismes culturels, ontologiques (essentialistes) et géo localisés. Cette thèse raciste confère aux uns tous les attributs d'une humanité dans ce qu'elle a de plus abouti, de plus noble et de plus élevé, d'une part ; tout en déniant définitivement aux *Autres* toute possibilité d'élaborer une pensée véritable, et donc de s'établir comme une humanité réelle, effective, appréciable, respectable. Il faut en finir avec la géolocalisation ou territorialisation essentialiste ou ontologique de la pensée ; il importe de dés-essentialiser, de dés-ontologiser et de déterritorialiser l'acte de philosopher, en Afrique, comme dans le monde. Partout dans le monde, en ce vingt et unième siècle, par le passé comme pour les siècles et les millénaires à venir, la pensée créatrice doit pouvoir se renouveler, se régénérer, se recréer ; et la philosophie doit pouvoir continuer à jouer son rôle de vigie lucide, objective et constructive. Elle est une pensée critique vivante, propre au genre humain tout entier, sans exclusive. Une pensée vivante qui, certes, sans s'y réduire, est toujours déjà et, nécessairement, en liaison avec l'histoire, le politique, l'économique, le culturel et le social. Comme la vie, elle suit son cours. Semblable à l'existence, elle est caractérisée par une alternance de périodes calmes, paisibles, normales, voire banales, d'une part, de soubresauts et de rebondissements, de l'autre. Comme la vie, le *Logos* est éternel, perpétuel recommencement, quête inassouvie de sens,... inachèvement :

> Sous l'histoire, la mémoire et l'oubli.
> Sous la mémoire et l'oubli, la vie.
> Mais écrire la vie est une autre histoire.
> Inachèvement (P. Ricœur, 2000, p. 657).

Il y a de la matière, l'avenir n'est point fermé et l'Afrique ne demande qu'à faire l'objet, par la pensée, d'une appropriation critique, vigoureuse, restauratrice et salutaire ! Détournons-nous, en conséquence, de cette attitude doctrinaire, paresseuse et irresponsable, qui consiste à nous rendre aveugles et indifférents à l'appel pressant du continent à ses filles et à ses fils ! Soyons les dignes fils et acteurs conscients de notre temps, et veillons à ne pas compter parmi ces hommes que fustigeaient naguère l'énigmatique, mais, ô combien profond et sage philosophe grec Héraclite : « Ils entendent sans comprendre et sont semblables à des sourds. A eux s'applique le proverbe : présents, ils sont absents » (Heraclite. fragment 34, cité par A. Jeannière, 1996, p. 114). Certes, la sagesse primordiale nous rappelle que c'est avec les lumières du passé qu'on peut sereinement et adéquatement espérer se diriger dans l'obscurité de l'avenir. Continuez donc de vous inspirer des Platon, Kant, Hegel, Marx, Nietzsche, Heidegger, Popper, Kuhn, Taylor, Ralws, Habermas, Hayek, Pettit, Miller, etc. Mais, n'oubliez surtout pas d'être vous-mêmes ! N'y perdez pas votre âme ! Evitez de donner l'image d'une conscience auto émasculée, et qui pratique la haine d'elle-même et cultive inconsidérément et souvent inconsciemment le mépris de soi ! Retenez que la réflexion sur le passé est toujours déjà une invitation instante à la méditation sur la vie, le présent, l'avenir ! Méditez profondément sur cet enseignement delphique que Socrate aimait à seriner, à savoir : que la rencontre la plus importante mais peut-être aussi la plus improbable que l'on doit faire dans la vie, c'est encore la rencontre avec soi-même (« Connais-toi toi-même et tu connaîtras l'univers et les dieux ! »). Et sachez que cette aventure est concomitamment la plus ardue et la plus exaltante entreprise humaine qui soit. Contextualiser, à notre sens, revient donc, en dernière instance, à entrer en résonance avec le temps et l'espace où l'on entend se constituer comme existant, *« dasein »*, être-là, jeté et abandonné dans le monde (*déréliction*), à qui apparaît matinalement le sentiment de contingence et d'absurdité de la vie, en même temps que la nécessité paradoxale de lui donner un sens. N'insultez donc pas l'avenir ! Osez inventer le futur, le vôtre, le nôtre ! Que ceux qui ont des yeux pour voir, voient, perçoivent, saisissent ; et que ceux qui ont des oreilles pour écouter, entendent, comprennent : *penser, et donc philosopher réellement, c'est toujours déjà, fondamentalement et nécessairement, tâcher de s'employer à poser un problème, afin, pourquoi pas, de contribuer à le résoudre.* Or, en la matière, le continent africain constitue, en soi, pour tout intellectuel véritable, un sérieux problème et, corrélativement, un motif réel et une source d'inspiration objective, profonde et inépuisable, pour l'avènement d'une pensée forte, structurante et fécondante.

Conclusion
De la science comme facteur de développement et d'émancipation sociopolitique et culturelle

La matérialisation de nos aspirations visant à redéfinir, notablement, et à notre profit, les termes qui président à la détermination de l'ordre politico-économique mondial et de la prééminence crypto-idéologique qui lui est sous-jacente, nécessite l'observation scrupuleuse, en Afrique, de quelques réquisits ou préalables indispensables. Un peu moins de cinq ans après que bien des Etats africains francophones, dont le Gabon, se sont employés à commémorer avec fastes et fracas les 50 ans censés marquer leur accession à la souveraineté internationale, dans un premier temps logique, il eût été essentiel, en effet, que l'on procédât, au premier chef, à l'élaboration, au travail de conception – en fait de réitération, dans le sillage des pionniers que furent Joseph Ki-Zerbo, Paulin Hountondji, Jean-Marc Ela, Cheikh Anta Diop, Ibrahima Baba Kaké, les membres du *C.R.D.E.* et le *CODESRIA*[3], etc. –, d'un discours scientifique, d'une pensée (dé-)constructive, pertinente et cohérente, qui soit l'expression non équivoque de la détermination effective des Africains à s'inscrire résolument sur la voie des restructurations susceptibles de transformer en profondeur la nature de leur relation, tant à l'égard d'eux-mêmes, qu'en ce qui concerne l'ensemble des peuples constitutifs du concert des nations.

Pour dire les choses autrement, et peut-être plus simplement, relevons qu'il est de la plus haute nécessité que soit produit, soumis et s'impose enfin avec force à la connaissance des Africains un régime de pensée, un cadre paradigmatique, dont l'exigence de méthode et le degré de scientificité ne devraient au demeurant souffrir d'aucune contestation. Et qui soit porteur d'idées et de valeurs (ré-)novatrices, catalytiques, libératrices en somme. Une pensée décomplexée (non décérébrée, non émasculée), qui sache démystifier le mythe subreptice insidieux et délétère de l'infériorité postulée organique et irréductible du *Nègre*. Une pensée doublée d'une conscience désengourdies et dé-dogmatisées, qui puissent désinhiber notamment les mécanismes structurels et institutionnels de la dépendance, et auxquels ont été séculairement assujettis les différents peuples qui gorgent cette partie présumée irrémédiablement arriérée du monde… autrefois lumière de l'humanité. Une pensée libérée somme toute, propre à engendrer un environnement propice à l'éclosion d'une activité scientifique productive, ingénieuse, féconde et profonde, articulée autour de schèmes conceptuels plus opératoires et *contextualisés*, c'est-à-dire plus en phase avec les réalités typiques du continent africain. C'est à ce prix, et à ce prix seulement, que seront rendu(e)s possibles les voies de remédiation adéquates ou les schémas de résolution appropriés d'une Afrique à la *« dignité anthropologique »* enfin restaurée, et ainsi définie, de façon indiscutable, à l'échelle du monde et des peuples, comme une puissance, un partenaire incontournable et influent dans la définition et la conduite stratégiques des affaires du monde.

La science, en général, et les sciences humaines et sociales, pour le cas de cette étude, en particulier, ont donc une dimension

---

[3]*C.R.D.E. : Centre de Recherche pour le Développement endogène ; CODESRIA : Conseil pour le Développement de la Recherche Economique et Sociale en Afrique.*

géostratégique, performative et programmatique effective. Celle-ci se double, par ailleurs, d'une portée sociopolitique, culturelle, économique et développementaliste avérée. Les sciences humaines et sociales, ne devraient pas en Afrique, se départir de leur fonction sociale et (re)fondatrice primordiale : celle qui consiste à s'instituer comme une aide nécessaire à la décision et à l'action ; celle qui vise légitimement et nécessairement à concourir à poser les bases d'une réflexion critique et constructive sur l'homme et son environnement, sa liaison avec l'*Autre*, afin de déterminer la nature et les modalités de sa présence à soi-même et au monde. Ce faisant, en fonction des choix que nous opérons quant à l'usage qu'on en fait, à l'orientation ainsi qu'aux finalités qu'on leur assigne concrètement, elles portent les germes du devenir de nos sociétés : sujettes au mal développement et mises sous tutelle pour longtemps encore ; ou alors effectivement inscrites sur les voies/voix (chemins, sentiers / paroles, discours) de l'émancipation culturelle, de l'indépendance politique, des progrès sociaux et du développement économique, infrastructurel, industriel, technoscientifique et numérique.

Bibliographie indicative

- KONARE Adama Ba (Sous la direction), 2008, *Petits précis de remise à niveau sur l'histoire africaine à l'usage du président Sarkozy. Préface* d'Elikia M'BOKOLO. *Postface* de Catherine Clément, Paris, La Découverte, 348 p.
- ANTA DIOP Cheick, 1990, *« Un continent à la recherche de son histoire ». In Alerte sous les tropiques. Articles 1946-1960. Culture et Développement en Afrique noire*, Paris, Présence Africaine, p.115-122.
- ANTA DIOP Cheick, 1979, *Nations nègres et cultures, Paris, Présence africaine, Livre de poche.*
- ANTA DIOP Cheick, 1981, *Civilisation ou barbarie ? Anthropologie sans complaisance,* Paris, Présence africaine.
- BABA KAKE I., 1982, *Combats pour l'histoire africaine,* Paris, Présence africaine, , 300 p.
- BEBBE-NJOH E., 2002, *Mentalité africaine et problématique du développement. « III. Le Consciencisme de Kwame Nkrumah »*, Paris, L'Harmattan, p.86.
- CHRETIEN Jean-Paul, 2008, *L'Afrique de Sarkozy. Un déni d'histoire,* Paris, Editions Karthala, 203 p.
- CONDORCET, *Réflexions sur l'esclavage des Nègres,* Paris, Editions Mille et une nuits, 2001.
- DIAGNE Mamoussé, 1992, *« Contribution à une critique du principe des paradigmes dominants ». In J. Ki-Zerbo (dir.), La natte des autres. Pour un*

développement endogène en Afrique, Paris, Karthala/Codesria, Paris/Dakar, p.109-119.

- ELA Jean Marc, 1989, *Cheikh Anta Diop ou l'honneur de penser,* Paris, L'Harmattan, 142 p.
- ELA Jean Marc, 2001, *Guide pédagogique de formation à la recherche pour le développement en Afrique,* Paris, L'Harmattan, 83 p.
- ELA Jean Marc, 1994, *Restituer l'histoire aux sociétés africaines,* Paris, L'Harmattan, 144 p.
- *Forum des universitaires chrétiens, La misère intellectuelle au Cameroun,* Paris, L'Harmattan, 1999, 94 p.
- HEGEL G. W. F., 1940, *Principes de la philosophie du droit [1821],* trad. André Kaan, Paris, Gallimard, 380 p.
- HEIDEGGER Martin, 1958, *Essais et Conférences, « Que veut dire « penser » ?*, Trad. André Préau, Paris, Gallimard.
- HOUNTONDJI Paulin J., 1994, *Les savoirs endogènes. Pistes pour une recherche,* Dakar, CODESRIA, 345 p.
- JEANNIERE A., 1996, *In Les Présocratiques, « Héraclite d'Ephèse », Fragment 34,* Paris, Editions du Seuil.
- KAMTO Maurice, *L'urgence de la pensée. Réflexions sur une précondition du développement en Afrique,* Yaoundé, Editions Mandara, 209 p.
- KASANDA LUMEMBU A., 2003, *« Leurres et lueurs de la philosophie africaine : Pour un sursaut de la pensée africaine. I. L'image du philosophe africain ». « Editorial ». In Alternatives Sud, vol. X (2003), n°4, Pour une pensée africaine émancipatrice,* Paris, L'Harmattan, p.7-20.
- KI-ZERBO Joseph *(dir.),* 1992, *La natte des autres. Pour un développement endogène en Afrique, Préface* , Paris/Dakar, Karthala/Codesria, , 494 p.
- KI-ZERBO Joseph, 2003, *A quand l'Afrique ? Entretien avec René Holenstein,* Paris, Editions de l'Aube, 199 p.
- KI-ZERBO Joseph, 1978, *Histoire de l'Afrique noire. D'hier à demain.* Paris, Librairie A. Hatier, 731 p. LABIAUSE K., *Les grands discours de l'histoire. De Moïse à Dominique De Villepin, « HUGO V. : « Discours sur l'Afrique » : 18 mai 1879,* Paris, E. J. L., 2008, 93 p.
- LABRUNE-BADIANE C., SUREMAIN M.-A., BIANCHI P. (Coordination), 2012, *« L'école en situation postcoloniale », in Cahier d'Afrique n°27,* Paris, L'Harmattan, Collection « Etudes Africaines », 243 p.
- MAKHILY GASSAMA, 2008, *L'Afrique répond à Sarkozy. Contre le discours de Dakar,* Paris, Editions Philippe Rey, 541 p.
- MBAYE DIOP B., DIENG D. (Coordination), 2008, *La conscience historique africaine*, Paris, L'Harmattan, 197 p.
- NANEMA J., 2003, *« Philosopher aujourd'hui en Afrique : obstacles et enjeux pour un développement approprié : 1. Nature et mission de l'école en Afrique. 2. L'école : un lieu de découverte de sens et de développement ».* In *Alternatives Sud, vol. X (2003), n°4, Pour une pensée africaine émancipatrice*, Paris, L'Harmattan, p.66-67.
- NDOUNOU L. P. R., 2014, *« Education, citoyenneté, démocratie et développement au Gabon. Eléments de réflexion pour un renforcement des capacités opérationnelles de l'école gabonaise », in L'Envol. Revue africaine*

de philosophie, lettres et pédagogie n°4, Libreville, Les Editions du GRESHS, p.67-99 / *« Education, citoyenneté, démocratie au Gabon.,* in ANGUE MEDOUX I. J. (Dir.), Actes du Colloque de Libreville (Université Omar Bongo), du 23 au 25 janvier 2013 : *« Education et démocratie dans les sociétés postmodernes africaines et européennes* », Paris, L'Harmattan, Coll. « Philosopher en Afrique », 2014, p.195-213.

- NDOUNOU L. P. R., 2012, *« Pluralisme politique versus pluripartisme paradoxal : de l'ethno-régionalisme électoral. Du devoir d'inventaire au plaidoyer pour la consolidation des principes de la modernité politique en Afrique »,* in *L'Envol. Revue africaine de philosophie, lettres et pédagogie n°4,* Libreville, Les Editions du GRESHS, p.51-92.
- NDOUNOU L. P. R., 2011, *« Pré-conditions pour une réflexion critique et constructive autour de l'idée de Gabon émergent ».* In Dieudonné Meyo Me Nkoghe (dir.), *Le Gabon émergent : utopie ou réalité ? Approche plurielle du concept d'émergence,* Paris, Editions Publibook, p.51-94.
- NDOUNOU L. P. R., 2008, *« Quelle école pour l'Afrique ? Essai critique de refondation des systèmes éducatifs africains : enjeux et prospectives »,* in *Ethiopiques n°81. Revue négro-africaine de littérature et de philosophie,* Dakar, Fondation Léopold Sédar Senghor, p.143-165.
- NDOUNOU L. P. R., 2005, *« Peut-on aider l'aide à aider l'Afrique ? »,* in Afrique Annales n8. Publication trimestrielle et Thématique d'Echange de Réflexions, Lyon, Esbert International, p.20-36 / *« Peut-on aider l'aide à aider l'Afrique ?», in Palabres actuelles n°3, « L'Afrique et le monde, l'Afrique dans le monde »,* Libreville, Revue de la Fondation Raponda-Walker, 2009, p. 77-99.
- NDOUNOU L. P. R., 2005, *« Au-delà de la Baule : l'Union Africaine, une impérieuse nécessité... »,* in Afrique Annales n°8. Publication trimestrielle et Thématique d'Echange de Réflexions, Lyon, Esbert International, , p.85-98.
- NKRUMAH K., 1976, *Le Consciencisme [1969*], traduction de Starr et Mathieu Howlett, Paris, Présence Africaine, 141 p.
- NZIENGUI DOUKAGA C., 2013, *Introduction à l'histoire de l'éducation au Gabon. Formation de l'élite intellectuelle de 1920 à 1970*, Libreville, Presses Universitaires du Gabon, Collection « Etudes sociales & politiques », 321 p.
- OBENGA T., 2003, *Tribune panafricaine des peuples noirs, Revue Diaspora Africaine,* Paris, 1er trimestre 1994, p.1-2. Cité par Têtêvi Godwin Tété-Adjalogo, *La Question Nègre,* Paris, L'Harmattan.
- OBENGA T., 2001, *Le sens de la lutte contre l'africanisme eurocentriste,* Paris, Khepera / L'Harmattan, 123 p.
- RICOEUR P., *La mémoire, l'histoire, l'oubli,* Paris, Seuil, Coll. « Essais/Points », 2000, 689 p.
- SALA-MOLINS L., 1992, *Les Misères des Lumières. Sous la raison, l'outrage,* Paris, Robert Laffont, / *L'Afrique aux Amériques. Le Code Noir espagnol,* Paris, PUF, 1992 / *Le Code Noir ou le calvaire de Canaan*, Paris, PUF, 1987-2002, 292 p.
- SHIRIMA V., 1983, *« Situazioni e problemi del socialismo africano »,* in *Fenomenologia e Societa,* diciembre, n°23/24, 240.

- TOBNER O., 2007, *Du racisme français. Quatre siècles de Négrophobie*, Paris, Editions des Arènes, 301 p.
- VAN LIERDE J., 1962, *La pensée politique de Patrice Lumumba, Textes réunis par J. Van Lierde, Préface* par Jean-Paul Sartre, Bruxelles, Editions Crisp, p.389 s.

RESUMES

La thèse serrésienne d'histoire des sciences

Ruboneka BIGIRINAMA
Assistant à l'Université de Lubumbashi

Résumé : Parmi tous les titres qu'on prête à Michel Serres-philosophe, écrivain, académicien, etc. -rarement vient celui d'historien des sciences. Et par surcroit, historien des sciences mathématiques. Et pourtant, c'est celui qui lui convient par profession, depuis que le département d'histoire de l'Université Paris I lui confia en 1970 une chaire d'histoire des sciences. Cet aspect de sa carrière est invariablement occulté bien qu'il n'ait rien d'épisodique, puisque Serres enseigna l'histoire des sciences pendant près de trente ans. Il a donc formé une génération entière d'étudiants à la Sorbonne, et dirigé un ouvrage collectif ; *Éléments d'histoire des sciences*, qui servit de manuel à bien des étudiants durant une bonne dizaine d'années. Quand on connaît le prestige de la Sorbonne et la renommée de l'école française d'histoire, on peut bien penser qu'en accueillant Serres les historiens reconnaissaient en lui un des leurs. Ce sentiment d'appartenance, Serres semble ne l'avoir guère éprouvé. La seule identité qu'il revendique vraiment est celle de philosophe de langue française même s'il se pare de titres multiples comme mathématicien, fils de paysan, ou ex-marin. Les notices biographiques, miroirs de cet autoportrait, reproduisent à l'envi ces formules clichées sans faire mention d'une quelconque activité d'historien.

Mots clés : Michel Serres – Histoire de sciences -

La méthodologie poppérienne à l'épreuve de l'histoire des sciences et des techniques

Jean-Aimé SAFOU

Enseignant-chercheur à l'Université Omar Bongo(UOB) de Libreville, Faculté des Lettres et Sciences Humaines, Département de Philosophie, Laboratoire de Recherche : Centre d'Etudes et de Recherche Philosophiques (CERP)

Résumé : La méthodologie poppérienne est-elle capable de rendre compte de l'histoire des sciences et des techniques ? Le caractère intégral de la falsifiabilité n'est-il pas inopérant en matière d'évaluation, d'explication et de compréhension de l'historiographie scientifique ? Les prétentions méthodologiques poppériennes n'échouent-elles pas devant la complexité des faits, d'autant que ceux-ci ne sont jamais neutres, mais imprégnés des considérations axiologiques ? Ce questionnement suggère au moins deux analyses que l'article met en exergue. La première est le mépris poppérien vis-à-vis des exigences méta-scientifiques qu'impose l'analyse des faits historiques. Ce mépris proscrit conséquemment une explication et une compréhension de l'histoire des sciences et des techniques. La deuxième analyse suggère la nécessité de reformuler le critère poppérien afin qu'il puisse tenir compte de la réalité spécifique de chaque domaine de connaissance ainsi que des aspects étudiés.

Mots-clés : Axiologiques, Complexité, Faits, Historiographie scientifique, Méthodologie, Poppérien.

Les mathématiques et Popper

Edgar Mervin Martial MBA
Chercheur à l'Institut de Recherche en Sciences Humaines

Résumé : L'étude du rapport des « mathématiques et Popper » (selon notre article), ou de « Popper et les mathématiques » (selon l'article d'Alain Boyer), est l'aspect de l'œuvre du grand philosophe viennois le moins célèbre parce que le moins étudié, sans être le moins dénué d'intérêt. L'étude en profondeur des travaux de Popper permet de ressortir – parce que cette dimension n'y est qu'implicite, quoique l'invocation des mathématiques y soit bien explicite - toute une philosophie poppérienne des mathématiques entrant en interaction avec la tradition occidentale de la philosophie des mathématiques, dans laquelle on observe une articulation ternaire : épistémologie des mathématiques, ontologie des mathématiques, méthodologie des mathématiques.

Mots clés : Popper – Mathématiques – Philosophie des mathématiques – Epistémologie des mathématiques – Ontologie des mathématiques – Méthodologie des mathématiques.

Du quantique à l'absorption philosophique de l'objet de la physique théorique

Jean Berclémence TATI
Chercheur à l'Institut de Recherche en Sciences Humaines.

Résumé : Au début des années 1900, la communauté scientifique s'est offert un voyage au cœur de l'univers invisible de la matière d'où sortira la plus grande révolution scientifique qui continue d'influer notre environnement : la révolution quantique. Il s'agit en effet de la découverte du corpuscule ; c'est-à-dire des particules de matière connaissable uniquement au moyen du formalisme logico-mathématique. Désormais en laboratoire, nous manipulons des nombres pour déboucher sur des particules de matière ayant une double variable : la variable de position et la variable de vitesse ; la connaissance de ces deux variables devenant une impossibilité de fait. Dans cette entreprise scientifique, physiciens et philosophes entretiennent une solidarité organique autour des programmes de recherche. Quand le physicien découvre l'objet, le philosophe offre les fondements de sa cohérence interne.

Mots clés : Corpuscule, onde, variable, complémentarité, incertitude, constante, quanta, particule.

La techno-science, conquérante et dominatrice

Antonin MBA NGUEMA
Assistant, Département de Philosophie, Université Omar Bongo

Résumé : La notion de *techno-science*, dont Gilbert Hottois revendique la paternité, caractérise de façon manifeste le rapport intime et radical de la science et de la technique modernes. Science et technique cheminent côte à côte, main dans la main, dans leur rêve prométhéen, cartésien et baconien de *domination* de la Nature et de l'homme. Si la techno-science est par essence *fille* de la Raison et de la Modernité dans son vœu légitime et salvateur de *conquête*, de compréhension de l'univers et de l'homme qui en fait partie, il n'en demeure pas moins que l'homme dans cet univers se trouve de plus en plus en danger et *déshumanisé*. Dans cet article, à partir des réflexions du philosophe Gabriel Marcel, nous voulons penser la techno-science dans son rapport à l'idéologie, à l'*hybris*, pour afin méditer sur le rôle de la *sagesse* dans un monde techno-scientifisé.

Mots-clés : Conquête-Domination-*Hybris*-Idéologie-Sagesse.

L’éthique kantienne à l’épreuve du débat sur la bioéthique : le cas de l’euthanasie

Rodrigue MAKAYA MAKAYA
Enseignant-chercheur à l’Université Omar Bongo, Centre d’Études et de Recherches Philosophiques (CERP)

Résumé : Dans cette étude, nous voulons monter que les fondements kantiens de l’éthique nous donnent de quoi comprendre que les questions d’ordre moral sont liées à la liberté, dans la mesure où cette dernière, au sens positif, présuppose toujours l’autonomie de la volonté ; puisque l’autonomie est le fondement de la moralité et une manifestation de la liberté de l’homme comme être raisonnable. Avec les fondements kantiens, nous pouvons faire face aux questions soulevées par la bioéthique comme l’euthanasie, qui nous plongent, nous philosophes, dans une certaine tourmente aujourd’hui, tourmente qui consiste à oublier parfois notre rôle : dans la question de l’euthanasie par exemple qui est une question très complexe, certains philosophes s’érigent en *moralistes*, oubliant que nous manquons parfois *d’autorité scientifique* pour y faire face d’autant plus qu’elle désigne avant tout un *acte* médicale. Ce que nous ne percevons pas toujours, c’est que l’euthanasie en tant que pratique médical, se pose au philosophe comme un « cas » de conscience, comme quelque chose qui s’installe d’emblée dans le particulier et non dans l’universel.

Mots clés : euthanasie, morale, éthique, raison, personne, dignité, respect, mort.

Etudes sur la place et la signification de la philosophie de la reliance des connaissances
Esquisse d'une pensée interstitielle qui pourra se présenter comme une « Symbiosophie »

Auguste NSONSISSA
HDR, Maître de Conférences de philosophie à l'Université Marien Ngouabi

Résumé : Nous voulons montrer les éléments de philosophie (N. Truong : 2010) des reliances au cœur de la philosophie de la connaissance contemporaine qui suscite, dans le « contexte africain » qui est le nôtre, du vague à l'âme chez la plupart de ceux des métaphysiciens qui pensent que les sciences anthroposociales n'ont aucune dimension philosophante. Cet article se propose donc de critiquer les dénégations outragées, parfois face à de telles hypothèses audacieuses, qui sont de nature à rappeler ce qu'Edgar Morin appelle « *l'intelligence aveugle* » (Edgar Morin : 1999, 14), c'est-à-dire l'incapacité d'articuler le contexte et le complexe planétaire et qui est aussi caractéristique de la « *pathologie du savoir* » (Edgar Morin : 1999, 127). Nous plaidons en faveur de l'instauration d'une pensée intersticielle qui pourra se présenter comme une « symbiosophie ».

Mots-clés : connaissance, complexité, equicontextualité, pensée, symbiosophie.

La Recherche-Développement et l'injonction d'endogénéité ou de contextualisation : enjeux de savoir, jeux de pouvoir et de repositionnement stratégique

Landry Patrice Romain NDOUNOU
Maître-Assistant des Universités (CAMES), École Normale Supérieure de Libreville, GRESHS (Groupe de Recherche en Sciences Humaines et Sociales)

Résumé : 50 ans après les indépendances, il semble encore subsister, au sein des systèmes éducatifs africains et des structures attachées à la recherche, des logiques d'extraversion et de dépendance qui aboutissent finalement à affaiblir le poids et le rôle traditionnellement dévolus, en principe, à ces organes dont la mission primordiale consiste pourtant à s'ériger en forces de propositions constructives, à même de formuler alternativement des réponses pertinentes et pérennes relativement aux difficultés persistantes que rencontrent les populations, celles issues du continent africain en l'occurrence. Autrement dit, les mécanismes de dépendance et d'extraversion en matière d'offres scolaire et de recherche scientifique (appliquée et fondamentale) induisent, insidieusement mais sûrement, tant à l'égard des structures de production et d'analyse des savoirs (laboratoires) que de nos différents instituts de formation (écoles, collèges, lycées, universités, centres de formation professionnelle), une incapacité structurelle à concevoir, en Afrique, un environnement culturel et institutionnel propice, qui prédisposerait à l'élaboration d'un socle commun de connaissances et de savoirs structurés, opératoires, contextualisés, devant participer de façon efficiente à l'action stratégique d'émancipation des Etats africains hors de la sphère du mal développement..., de l'extraversion et de la dépendance.

Mots clés : Recherche – Développement - Endogène - Extraversion paradigmatique – Pouvoir – Géostratégie - Afrique.

Structures éditoriales du groupe L'Harmattan

L'Harmattan Italie
Via degli Artisti, 15
10124 Torino
harmattan.italia@gmail.com

L'Harmattan Hongrie
Kossuth l. u. 14-16.
1053 Budapest
harmattan@harmattan.hu

L'Harmattan Sénégal
10 VDN en face Mermoz
BP 45034 Dakar-Fann
senharmattan@gmail.com

L'Harmattan Cameroun
TSINGA/FECAFOOT
BP 11486 Yaoundé
inkoukam@gmail.com

L'Harmattan Burkina Faso
Achille Somé – tengnule@hotmail.fr

L'Harmattan Guinée
Almamya, rue KA 028 OKB Agency
BP 3470 Conakry
harmattanguinee@yahoo.fr

L'Harmattan RDC
185, avenue Nyangwe
Commune de Lingwala – Kinshasa
matangilamusadila@yahoo.fr

L'Harmattan Congo
67, boulevard Denis-Sassou-N'Guesso
BP 2874 Brazzaville
harmattan.congo@yahoo.fr

L'Harmattan Mali
Sirakoro-Meguetana V31
Bamako
syllaka@yahoo.fr

L'Harmattan Togo
Djidjole – Lomé
Maison Amela
face EPP BATOME
ddamela@aol.com

L'Harmattan Côte d'Ivoire
Résidence Karl – Cité des Arts
Abidjan-Cocody
03 BP 1588 Abidjan
espace_harmattan.ci@hotmail.fr

L'Harmattan Algérie
22, rue Moulay-Mohamed
31000 Oran
info2@harmattan-algerie.com

L'Harmattan Maroc
5, rue Ferrane-Kouicha, Talaâ-Elkbira
Chrableyine, Fès-Médine
30000 Fès
harmattan.maroc@gmail.com

Nos librairies en France

Librairie internationale
16, rue des Écoles – 75005 Paris
librairie.internationale@harmattan.fr
01 40 46 79 11
www.librairieharmattan.com

Librairie l'Espace Harmattan
21 bis, rue des Écoles – 75005 paris
librairie.espace@harmattan.fr
01 43 29 49 42

Lib. sciences humaines & histoire
21, rue des Écoles – 75005 paris
librairie.sh@harmattan.fr
01 46 34 13 71
www.librairieharmattansh.com

Lib. Méditerranée & Moyen-Orient
7, rue des Carmes – 75005 Paris
librairie.mediterranee@harmattan fr
01 43 29 71 15

Librairie Le Lucernaire
53, rue Notre-Dame-des-Champs – 75006 Paris
librairie@lucernaire.fr
01 42 22 67 13

www.ingramcontent.com/pod-product-compliance
Lightning Source LLC
LaVergne TN
LVHW010939061026
849535LV00007B/2475
* 9 7 8 2 3 4 3 1 9 8 8 4 2 *